표지
촬영 /藤田律子
헤어&메이크업 /鵜久森真二
모델 /太田瑚々
디자인 /橋本祐子

KODOMO BOUTIQUE CUCITO
Copyright © BOUTIQUE-SHA 2010
Printed in Japan
All rights reserved.
Original Japanese edition published in
Japan by BOUTIQUE-SHA.
Korean translation right arranged with
BOUTIQUE-SHA through DAIJO CRAFT
CORP.

CUCITO/ 쿠치토【名】
이탈리아어. 바느질이라는
의미. 소잉을 좋아하는 사람도,
처음하는 사람도 한땀한땀
소잉을 즐기기를 원하기
때문에 작은 소원을 담아
이름을 붙였습니다.

contents

첨부 부록 실물크기 패턴에 대해서

이 책에는 첨부 부록으로 실물크기 패턴이 2장 끼워져
있습니다. 게재 작품들은 직선으로만 된 패턴과 일부
의 소품을 제외하고는 실물크기 패턴과 이를 이용 해
응용하여 만드는 것이 가능합니다. 76페이지에 있는
「실물크기 패턴 사용방법」을 잘 보신 후에 다른
종이에 옮겨 사용해 주세요.

현재 활동중인 엄마 디자이너가 만든
가을의 캐주얼웨어

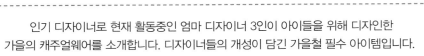

인기 디자이너로 현재 활동중인 엄마 디자이너 3인이 아이들을 위해 디자인한
가을의 캐주얼웨어를 소개합니다. 디자이너들의 개성이 담긴 가을철 필수 아이템입니다.

촬영／藤田律子   헤어&메이크업／鵜久森慎二(p.4～6、p.12・13)
작품디자인·제작／加藤容子(p.4～7)、坂内鏡子(p.12・13)、小林かおり(p.16～19)
작품제작／金丸かほり(p.5-no.3、p.7-no.6・7) 페이지 디자인／梅宮真紀子   담당／名取美香、矢島悠子

현재 활동중인 엄마 디자이너가 만든 가을의 캐주얼웨어 1

Peitamama 가토 요코 씨의
만들어 주고 싶은 가을옷

(남아) 신장 109cm   착용 사이즈 110cm
(여아) 신장 109cm   착용 사이즈 110cm

소매를 롤업하면
귀여움이 가득한
또 다른 스타일로 변신!

요크를 변형한 원피스와 풀오버는

베이직한 무지원단이나 체크원단 또는

깜찍한 프린트원단으로 만들어도 멋지답니다.

1·3 원피스
90·100·110·120cm
만드는 방법 8페이지

2 풀오버
90·100·110·120cm
만드는 방법 8페이지

3

남자아이의 팬츠는 옆천을 변형하고 원단의 안쪽면을 사용하여

제작한 다리를 길어보이게 해주는 세련된 디자인.

여자아이들에게 인기있는 스커트레깅스는

프린트원단과 무지원단을 이용하여 다양한 느낌으로 만들어주세요.

신장 109cm   착용 사이즈 110cm

신장 109cm   착용 사이즈 110cm

Peitamama 가토 요코씨의
만들어 주고 싶은 가을옷

4·6 팬츠
90·100·110·120cm
만드는 방법 10페이지

5·7 스커트레깅스
90·100·110·120cm
만드는 방법 11페이지

심플한 디자인에 레이스로 포인트를 주거나,
여러 원단을 덧대어 자신만의 개성을 살린 옷을
만들어주세요. 하의 또한 기본 디자인에 원단을
사각형으로 잘라 덧대는 등의 간단한 소잉으로,
초보자들도 쉽게 레시피를 보며 제작할 수
있습니다. 마음에 드는 디자인을 골라 꼭 한번
만들어보세요.

Peitamama 가토 요코
퇴직 후, 양재학교를 다니면서 맞춤복 업체와 양재 교실의
조수를 해가며 옷 만들기를 공부. 결혼과 아이 출산 후에는
아이옷이나 자신의 평상복을 주로 만듬.
현재는 가사와 육아를 병행해가며 작가로서 이벤트에
참가하거나 잡지에 작품을 게재하는 등 바쁜 하루를 보내고
있다. 올해 4월에는 첫 서적인 「여자아이에게 만들어주고
싶은 여름옷」을 발간하였다.
홈페이지
http://member3.jcom.home.ne.jp/peitamama/

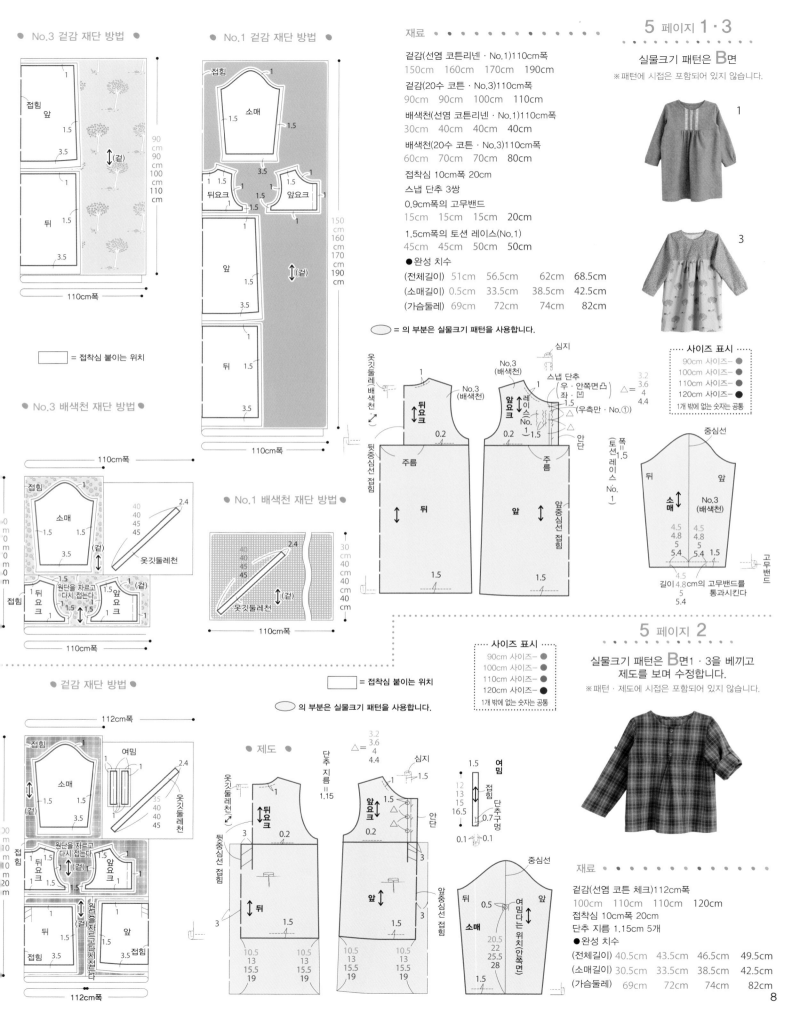

● No.3 겉감 재단 방법 ●

접힘
앞
1
1.5
3.5
뒤
1.5
3.5
90cm 90cm 100cm 110cm
110cm폭

□ = 접착심 붙이는 위치

● No.3 배색천 재단 방법 ●

110cm폭
접힘
소매
1.5 1.5
3.5
(겉)
40 40 45 45
2.4
옷깃둘레천
뒤요크 1.5 1.5 앞요크
원단을 자르고 다시 접는다
1.5
접힘
110cm폭

● 겉감 재단 방법 ●

112cm폭
접힘
소매
1.5 1.5
3.5
(겉)
여밈
35 40 40 45
2.4
옷깃둘레천
뒤요크 앞요크
원단을 자르고 다시 접는다
1.5
접힘
뒤 1.5
앞
접힘 3.5 3.5 접힘
원단을 자르고 다시 접는다
112cm폭

● No.1 겉감 재단 방법 ●

접힘
1
소매
1.5
1.5
3.5
1 1.5 1.5 1
뒤요크 1.5 앞요크
1.5
1
앞
1.5
3.5
뒤
1.5
3.5
150cm 160cm 170cm 190cm
110cm폭

● No.1 배색천 재단 방법 ●

40 40 45 45
2.4
옷깃둘레천
(겉)
30cm 40cm 40cm 40cm
110cm폭

□ = 접착심 붙이는 위치

◯ 의 부분은 실물크기 패턴을 사용합니다.

재료

겉감(선염 코튼리넨 · No.1)110cm폭
150cm 160cm 170cm 190cm

겉감(20수 코튼 · No.3)110cm폭
90cm 90cm 100cm 110cm

배색천(선염 코튼리넨 · No.1)110cm폭
30cm 40cm 40cm 40cm

배색천(20수 코튼 · No.3)110cm폭
60cm 70cm 70cm 80cm

접착심 10cm폭 20cm
스냅 단추 3쌍
0.9cm폭의 고무밴드
15cm 15cm 15cm 20cm

1.5cm폭의 토션 레이스(No.1)
45cm 45cm 50cm 50cm

● 완성 치수
(전체길이) 51cm 56.5cm 62cm 68.5cm
(소매길이) 0.5cm 33.5cm 38.5cm 42.5cm
(가슴둘레) 69cm 72cm 74cm 82cm

◯ = 의 부분은 실물크기 패턴을 사용합니다.

5 페이지 1 · 3

실물크기 패턴은 B면

※ 패턴에 시접은 포함되어 있지 않습니다.

1

3

사이즈 표시
90cm 사이즈─ ●
100cm 사이즈─ ●
110cm 사이즈─ ●
120cm 사이즈─ ●
1개 밖에 없는 숫자는 공통

사이즈 표시
90cm 사이즈─ ●
100cm 사이즈─ ●
110cm 사이즈─ ●
120cm 사이즈─ ●
1개 밖에 없는 숫자는 공통

△ = 3.2 3.6 4 4.4

옷깃둘레천 배색천
뒤요크
0.2
뒷중심선 접힘
주름
뒤
1.5

심지
No.3 (배색천)
앞요크
레이스 No.1
0.2
주름
앞
앞중심선 접힘
1.5

스냅 단추
(우·안쪽면凸
좌·凹)
(우측만·No.①)
안단

중심선
뒤 앞
소매 No.3 (배색천)
4.5 4.5
4.8 4.8
5 5
5.4 5.4 1.5
4.5
5
5.4
고무밴드
길이 4.8cm의 고무밴드를 통과시킨다

5 페이지 2

실물크기 패턴은 B면 1 · 3을 베끼고 제도를 보며 수정합니다.

※ 패턴 · 제도에 시접은 포함되어 있지 않습니다.

● 제도 ●

단추 지름 = 1.15
△ = 3.2 3.6 4 4.4

옷깃둘레천
뒷중심선 접힘
뒤요크
3
0.2
뒤
3
1.5

심지
1.5
앞요크
0.2
앞
앞중심선 접힘
3
1.5

1.5
여밈
12 13 15 16.5
접힘
단추구멍
0.7
0.1 0.1

중심선
뒤 0.5 앞
소매
20.5 22 25.5 28
여밈단 위치(안쪽면)
1.5

재료

겉감(선염 코튼 체크)112cm폭
100cm 110cm 110cm 120cm

접착심 10cm폭 20cm
단추 지름 1.15cm 5개

● 완성 치수
(전체길이) 40.5cm 43.5cm 46.5cm 49.5cm
(소매길이) 30.5cm 33.5cm 38.5cm 42.5cm
(가슴둘레) 69cm 72cm 74cm 82cm

봉합의 시작과 끝은 되돌아박기를 합니다.

┌─────────────────────────────┐
● 봉합 시작 전에 ●
①접착심을 붙인다.
②옆 · 어깨 · 소매아래의 원단 끝에
지그재그봉제 또는 오버록 처리를 한다.
└─────────────────────────────┘

⑦ 소매를 단다.

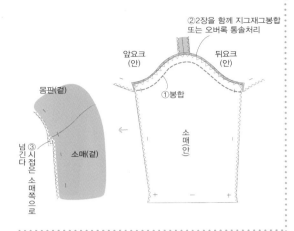

②2장을 함께 지그재그봉합
또는 오버록 통솔처리
앞요크(안)   뒤요크(안)
①봉합
몸판(겉)
③시접은 소매쪽으로 넘긴다
소매(겉)
소매(안)

⑧ 소매아래선부터 이어서 옆선을 봉합한다.

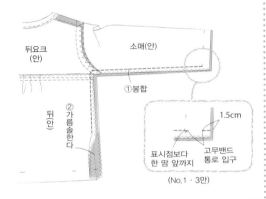

뒤요크(안)
소매(안)
①봉합
뒤(안)
②가름솔을 한다
1.5cm
표시점보다 한 땀 앞까지
고무밴드 통로 입구
(No.1 · 3만)

⑨ 소맷부리를 봉합한다.

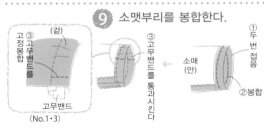

고정고무봉합 ③
(겉)
고무밴드
(No.1 · 3)
①두 번 접음
소매(안)
②봉합
③고무밴드를 통과시킨다

⑩ 밑단을 봉합하고, 단추 · 스냅 단추를 달아준다.

(No.2)
③단추를 단다
앞요크(겉)
앞(겉)
①두 번 접음
②봉합
(No.1 · 3)
(凸) (凹)
③스냅 단추를 단다

③ 요크를 단다.

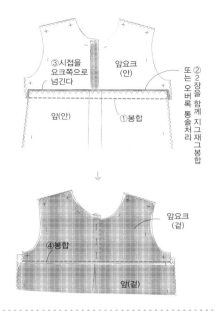

③시접을 요크쪽으로 넘긴다
앞요크(안)
앞(안)
②2장을 함께 지그재그봉합 또는 오버록 통솔처리
①봉합
앞요크(겉)
④봉합
앞(겉)

④ 어깨선을 봉합한다.(83페이지 참조)

⑤ 옷깃둘레를 봉합한다.

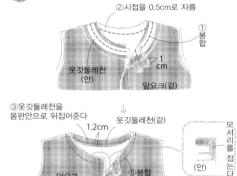

②시접을 0.5cm로 자름
①봉합
옷깃둘레천(안)
앞요크(겉)
1cm
③옷깃둘레천을 몸판안으로 뒤집어준다
1.2cm
옷깃둘레천(겉)
모서리를 접는다
(안)
앞요크(겉) ⑤봉합

⑥ 소매에 여밈을 달아준다.(No.2)

여밈(겉)
③봉합
②접는다
여밈(겉)
①접는다
여밈(안)
④단추구멍
0.5cm
⑤봉합
소매(안)

① 앞단을 봉합한다.

(No.2)
좌측 앞요크(겉)
①두 번 접는다
③단추구멍
앞요크(안)
②봉합

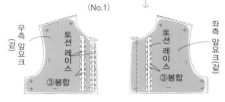

(No.1)
우측 앞요크(겉)
토션레이스
③봉합
좌측 앞요크(겉)
토션레이스
③봉합

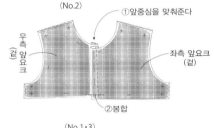

(No.2)
①앞중심을 맞춰준다
우측 앞요크(겉)
좌측 앞요크(겉)
②봉합

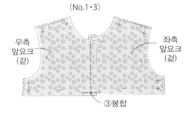

(No.1 · 3)
우측 앞요크(겉)
좌측 앞요크(겉)
③봉합

② 주름을 잡는다.(No.1 · 3)
주름을 접는다.(No.2)

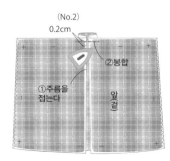

(No.2)
0.2cm
②봉합
①주름을 접는다
앞(겉)

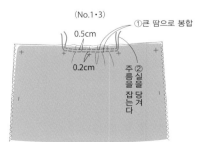

(No.1 · 3)
①큰 땀으로 봉합
0.5cm
0.2cm
②실을 잡아 당겨 주름을 잡는다

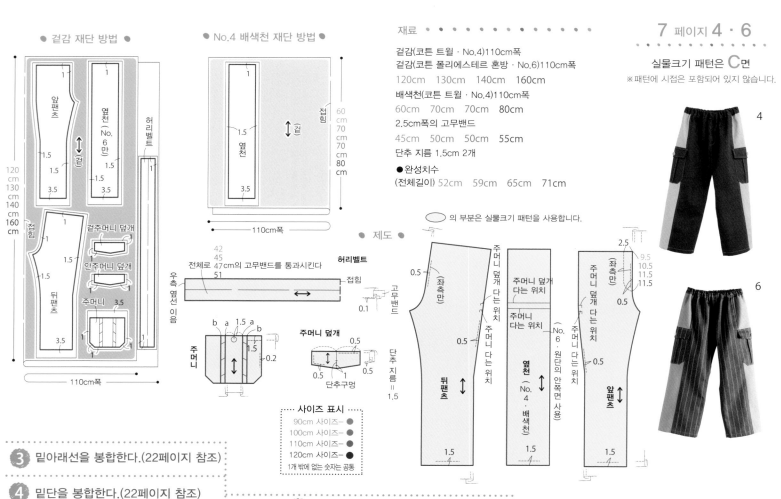

● 겉감 재단 방법 ●

1
앞팬츠
1.5
1.5
3.5

1
옆천 (No.6 만)
1.5
1.5
3.5

허리벨트
1

120cm 130cm 140cm 160cm

접힘

겉

1
뒤팬츠
1.5
1.5
3.5

겉주머니 덮개
안주머니 덮개
주머니 3.5

110cm폭

● No.4 배색천 재단 방법 ●

접힘

1
옆천
1.5
1.5
3.5

겉

60cm 70cm 70cm 80cm

110cm폭

재료

겉감(코튼 트윌·No.4)110cm폭
겉감(코튼 폴리에스테르 혼방·No.6)110cm폭
120cm 130cm 140cm 160cm
배색천(코튼 트윌·No.4)110cm폭
60cm 70cm 70cm 80cm
2.5cm폭의 고무밴드
45cm 50cm 50cm 55cm
단추 지름 1.5cm 2개
● 완성치수
(전체길이) 52cm 59cm 65cm 71cm

실물크기 패턴은 C면
※패턴에 시접은 포함되어 있지 않습니다.

● 제도 ●

◯의 부분은 실물크기 패턴을 사용합니다.

42 45 51
전체로 47cm의 고무밴드를 통과시킨다

우측 옆선 이음

허리벨트
접힘
고무밴드
0.1

주머니
b a 1.5 a b
1.5
0.2

주머니 덮개
0.5
0.5 1 0.5
단추 지름 = 1.5
단추구멍

사이즈 표시
90cm 사이즈 ─ ◯
100cm 사이즈 ─ ◯
110cm 사이즈 ─ ●
120cm 사이즈 ─ ●
1개 밖에 없는 숫자는 공통

뒤팬츠
(좌측만) 0.5
0.5
주머니 덮개 다는 위치
주머니 다는 위치
1.5

옆천 (No.4·배색천)
주머니 덮개 다는 위치
주머니 다는 위치
No.6·원단의 안쪽면 사용
1.5

앞팬츠
2.5 9.5 10.5 11.5 11.5
(좌측만)
0.5
주머니 덮개 다는 위치
주머니 다는 위치
0.5
1.5

4

6

③ 밑아래선을 봉합한다.(22페이지 참조)

④ 밑단을 봉합한다.(22페이지 참조)

⑤ 밑위선을 봉합한다.(22페이지 참조)

⑥ 앞지퍼 부분에 장식봉합을 한다.

옆천(겉)
우측 앞(겉)
봉합
좌측 앞(겉)
옆천(겉)

⑦ 허리벨트를 만들어 단다.

①허리벨트를 만든다(22페이지 참조)
③봉합
허리벨트(겉)
앞(겉) 앞(겉)
②우측 옆에 고무밴드 통로를 만든다
④시접을 안으로 넣는다
허리벨트(겉)
허리벨트
우측 옆
앞(겉)
⑤봉합

⑧ 고무밴드를 통과시키고, 단추를 달아준다.(22페이지 참조)

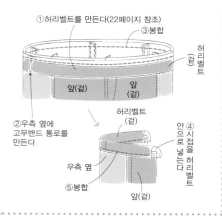

② 주머니·주머니 덮개를 만들어 단다.

겉주머니 덮개(겉)
③봉합
④단추구멍을 만든다
겉주머니 덮개(겉)
②겉으로 뒤집는다
겉주머니 덮개(안)
안주머니 덮개(겉)
①봉합
안주머니 덮개(안)

⑧두 번 접어 봉합
주머니(안)
⑨접는다

⑤접는다
주머니(겉)
⑥봉합
주머니(겉)
⑦바깥쪽으로 넘긴다

안주머니 덮개(겉)
겉주머니 덮개(안)
⑩봉합
앞(겉)
주머니(겉)
옆천(겉)
겉주머니 덮개(겉)
⑪접는다
⑫봉합
앞(겉)

4·6의 만드는 방법

봉합의 시작과 끝은 되돌아박기를 합니다.

● 봉합 시작 전에 ●
밑아래·밑위·주머니 덮개 윗단의 원단 끝에
지그재그봉제 또는 오버록 처리를 한다.

① 옆천을 단다.

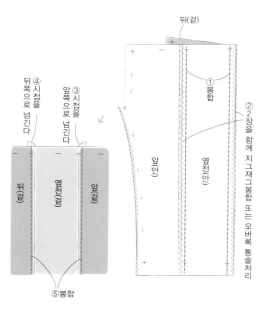

뒤(겉)
①봉합
②2장을 함께 지그재그봉제 또는 오버록 통솔처리
뒤(겉)
④시접을 뒤쪽으로 넘긴다
앞(겉)
③시접을 앞쪽으로 넘긴다
뒤(겉)
옆천(겉)
앞(겉)
⑤봉합

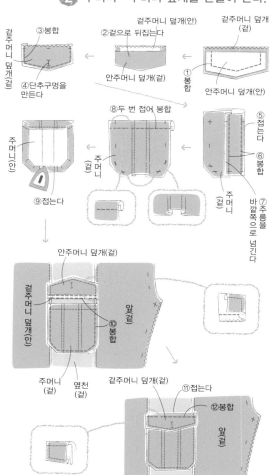

●배색천 재단 방법● | **● 겉감 재단 방법 ●** | **재료**

재료
- 겉감(데님・No.5)110cm폭
- 겉감(코튼리넨 프린트・No.7)110cm폭
  - 50cm 50cm 50cm 60cm
- 배색천(다이마루 프린트・No.5)85cm폭
- 배색천(코튼 저지・No.7)46cmW폭
  - 130cm 140cm 150cm 160cm
- 0.9cm폭의 고무밴드A
  - 90cm 95cm 100cm 110cm
- 0.5cm폭의 고무밴드B
  - 35cm 40cm 45cm 50cm
- 장식단추 지름 1cm 1개

● 완성치수
(전체길이) 52cm 59cm 65cm 71cm

□ 의 부분은 실물크기 패턴을 사용합니다.

실물크기 패턴은 C면 4・6번을 베끼고 제도를 보며 수정합니다.

※패턴・제도에 시접은 포함되어 있지 않습니다.

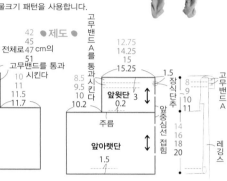

사이즈 표시
- 90cm 사이즈—●
- 100cm 사이즈—●
- 110cm 사이즈—●
- 120cm 사이즈—●
- 1개 밖에 없는 숫자는 공통

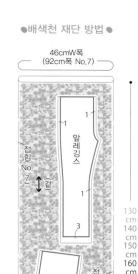

● 제도 ●

46cmW폭 (92cm폭 No.7)

110cm폭

85cm폭(No.5)

뒤레킹스 / 앞레킹스 / 뒤윗단 / 허리선 / 밑단선 / 앞아랫단

130cm 140cm 150cm 160cm

5・7의 만드는 방법

봉합의 시작과 끝은 되돌아박기를 합니다.

● 봉합 시작 전에 ●
밑위・스커트의 옆・허리의 원단 끝에 지그재그봉제 또는 오버록 처리를 한다.

① 스커트의 윗단・아랫단을 봉합한다.

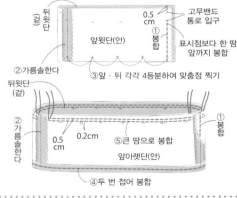

② 윗단과 아랫단을 맞춰서 봉합한다.

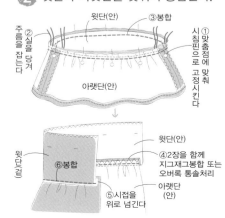

③ 옆선・밑아래선을 봉합하고, 고무밴드를 달아준다.

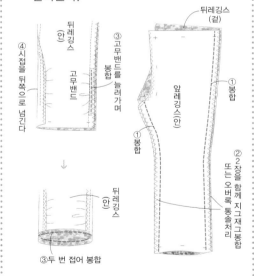

④ 밑위선을 봉합한다.

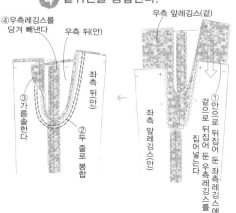

⑤ 스커트와 레킹스를 포개어 겹치고 허리를 봉합한다.

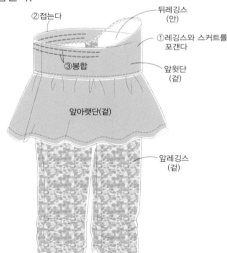

⑥ 고무밴드를 통과시킨다.

③장식단추를 단다

①1cm 포개어 봉합한다

11

신장 103cm   착용 사이즈 100cm

(남아) 신장 100cm   착용 사이즈 100cm

한가지 패턴을 조금씩 변형해서 만든

점퍼 스커트, 튜닉, 베스트입니다.

모서리를 예쁘게 봉제하기 어려운 네크라인도

넓은 폭의 어깨끈을 달아주면 간단하게 완성!

어깨 뒤쪽부터 이어진 끈을 단추를 이용하여 가슴부분에 고정하는 디자인으로 단추 구멍이 필요없어 만들기 쉽고, 작은 아이에게도 입히기 쉽습니다. 원단 또는 단추 등을 변형하여 한장 더 만들어 레이어드하여 입는다면 일년내내 입을 수 있습니다.

summie works 사카우치 쿄코

소잉 디자이너 및 패턴사. 초보자도 간단하고 완성도 있는
작품을 만들 수 있게 하는 것을 목표로 하여 활동중.
실물크기 패턴집인 「Chatter Tailors」의 기획에 참여.
저서로는 「1pattern으로 1week」, 「리넨과 코튼으로 만드는
외출복」, 「가장 쉽게 이해하는 머신소잉의 기초」 등.
홈페이지
http://www.summieworks.com/

10 베스트
90・100・110・120cm
만드는 방법 80페이지

9 튜닉
90・100・110・120cm
만드는 방법 15페이지

8 점퍼 스커트
90・100・110・120cm
만드는 방법 14페이지

● 겉감 재단 방법 ●

□ = 접착심 붙이는 위치

⬭ 의 부분은 실물크기 패턴을 사용합니다.

재료 • • • • • • • •

겉감(코튼 프린트)110cm폭
120cm 130cm 150cm 160cm
접착심 80cm폭
40cm 40cm 50cm 50cm
단추 지름 1.8cm 2개

● 완성치수
(전체길이) 52cm 57.5cm 63cm 69.5cm
(가슴둘레) 64cm 67cm 69cm 77cm

13 페이지 8
실물크기 패턴은 C면
※패턴에 시접은 포함되어 있지 않습니다.

⋯⋯ 사이즈 표시 ⋯⋯
90cm 사이즈 ─ ●
100cm 사이즈 ─ ●
110cm 사이즈 ─ ●
120cm 사이즈 ─ ●
1개 밖에 없는 숫자는 공통

앞
뒤
접힘
뒤안단
앞안단
뒷중심선 접힘
앞중심선 접힘
앞안단
뒤
심지
앞안단
앞
심지
단추 지름 = 1.8
110cm폭

8의 만드는 방법
봉합의 시작과 끝은 되돌아박기를 합니다.
● 봉합 시작 전에 ●
옆 · 안단의 원단 끝에 지그재그봉제 또는
오버록 처리를 한다.

③ 밑단을 봉합한다.

뒤(겉)
앞안단(겉)
앞(안)
②봉합
2cm
①두 번 접음

② 옆선을 봉합한다.

①안단을 벌린다
②솔기를 맞춰준다
뒤(겉)
앞(안)
③봉합
④가름솔한다
뒤(겉)
앞안단(겉)
앞(안)
⑤안단을 아래로 내린다
⑥시접에 안단 끝을 감치질한다 몸판

① 안단을 단다.

가위집 ③곡선에
①봉합
②모서리를 자름
접착심
앞안단(안)
앞(겉)
④안단을 몸판 안쪽으로 넘긴다
앞안단(겉)
앞(안)
뒤안단(안)
②곡선에 가위집
①봉합
접착심
뒤(겉)
뒤안단(겉)
③안단을 몸판 안쪽으로 뒤집어준다
뒤(안)

④ 단추를 단다.

①어깨끈을 앞판 위에 얹는다
②단추로 고정한다
어깨끈
어깨끈
앞(겉)

14

● 겉감 재단 방법 ●

의 부분은 실물크기 패턴을 사용합니다.

= 접착심 붙이는 위치

사이즈 표시
90cm 사이즈─ ●
100cm 사이즈─ ●
110cm 사이즈─ ●
120cm 사이즈─ ●
1개 밖에 없는 숫자는 공통

● 재료 ●

겉감(코튼 도비)110cm폭
120cm 120cm 130cm 140cm
접착심 80cm폭
40cm 40cm 50cm 50cm
단추 지름 1.3cm 2개

● 완성치수
(전체길이) 46.7cm 51.5cm 56.3cm 62.1cm
(가슴둘레) 72cm 75cm 77cm 85cm

실물크기 패턴은 C면 8번을 베끼고
제도를 보며 수정합니다.

※ 패턴·제도에 시접은 포함되어 있지 않습니다.

● 제도 ●

9의 만드는 방법

봉합의 시작과 끝은 되돌아박기를 합니다.

● 봉합 시작 전에 ●
옆·안단의 원단 끝에 지그재그봉제 또는
오버록 처리를 한다.

---

4 밑단을 봉합한다.

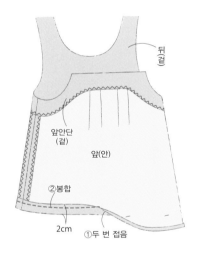

3 옆선을 봉합한다.

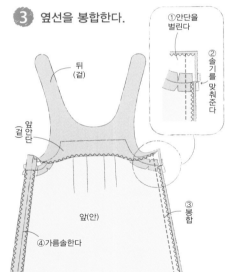

1 턱(주름)을 잡는다.

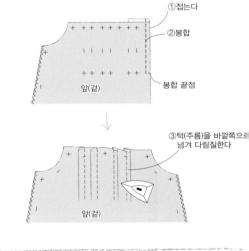

5 단추를 단다.

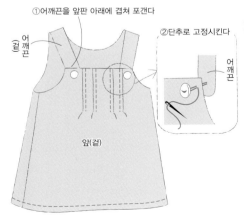

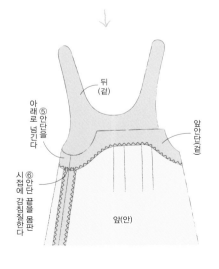

2 안단을 단다.

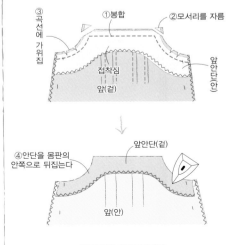

※뒤안단은 14페이지 참조

현재 활동중인 엄마 디자이너가 만든 가을의 캐주얼웨어 3

고바야시 가오리 씨의
가을의 WARDROBE

11

신장 96cm   착용 사이즈 100cm

13

12

넓은 폭의 레이스가 포인트인 원피스를
풀오버와 베스트로 변형하였습니다.
남자아이는 물론 여자아이에게도 어울리는 스트라이프 원단.
깜찍한 자카드 니트 원단으로 만들어 주면
여자아이만의 특별한 아이템이 될 거예요.

(남아) 신장 100cm   착용 사이즈 100cm

11 원피스
90·100·110·120cm
만드는 방법 21페이지

12·14 풀오버
90·100·110·120cm
만드는 방법 20페이지

13·15 베스트
90·100·110·120cm
만드는 방법 81페이지

15

14

고바야시 가오리 씨의
가을의 WARDROBE

(남아) 신장 100cm　착용 사이즈 100cm
(여아) 신장 96cm　착용 사이즈 100cm

커다란 옆주머니가 포인트인 남자아이의 팬츠는
더블거즈 기모 원단으로 겉감과 안감의 양면을
모두 사용하여 만들었습니다.
여자아이용으로는 큰 도트무늬도 깜찍합니다.
양 옆의 리본과 프릴이 있는 디자인은
역시 여자아이에게 딱이지요!

16·18 팬츠
90·100·110·120cm
만드는 방법 22페이지

17·19 팬츠
90·100·110·120cm
만드는 방법 23페이지

이번 테마는 「평소에도 입을수 있는 옷」입니다.
디자인은 심플하지만, 원단에 따라 다양한 느낌
이 나서 남자아이에게는 물론 여자아이에게도
코디할 수 있답니다. 또한, 패턴을 변형시켜 만
드는 팬츠와 원피스는 평소에는 물론이고 외출
복으로도 손색이 없습니다.

고바야시 가오리
일본 복장전문학교 졸업 후, 부인복 어패럴브랜드에서
패턴디자이너로 근무.
출산을 계기로 퇴직 후
현재는 소잉 작가로서
다양한 잡지에서 활약
중.
평소는 두 명의 자녀들의
옷을 만들거나 소품을
만들고 있습니다.

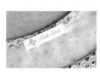

라벨을 붙여볼까요?
유아원복·유치원복에 네임라벨을 붙여주면 잃어버리지 않아요.
일러스트나 문자를 골라 나만의 네임라벨을 붙이면 작품의 완성도가
한층 높아집니다.

● 겉감 재단 방법 ●　　○ 의 부분은 실물크기 패턴을 사용합니다.

재료 ● ● ● ● ● ● ● ● ● ● ● ● ● ● ● ●

실물크기 패턴은 **B**면
※패턴에 시접은 포함되어 있지 않습니다.

겉감(스트라이프 니트 · No.12)140cm폭
안감(리버시블 자카드 니트 · No.14)150cm폭
80cm　80cm　90cm　100cm
2cm폭의 장식 테이프
45cm　45cm　45cm　50cm
단추 지름 1.5cm 4개

●완성치수
(전체길이)36.8cm　39.8cm　42.8cm　45.8cm
(소매길이)29cm　32cm　37cm　41cm
(가슴둘레)65cm　68cm　70cm　78cm

소매
단추 지름 = 1.5
2.2

접힘 1.5 어깨천 1
소매 1 접힘
1.5　2.5　1.5
뒤 1　1.5　2.5　겉　1.5　2.5 앞 1.5
80cm 80cm 90cm 100cm
140cm폭(No.12)
150cm폭(No.14)

┄┄ 사이즈 표시 ┄┄
90cm 사이즈─●
100cm 사이즈─●
110cm 사이즈─●
120cm 사이즈─●
1개 밖에 없는 숫자는 공통

뒤　0.7　뒷중심선 접힘　2.2

어깨천
b　1　0.7　a
장식 테이프　1.8　3　1　1.8　장식 테이프
앞중심선 접힘　1.8　2
앞　2.2

12·14의 만드는 방법
봉합의 시작과 끝은 되돌아박기를 합니다.

● 봉합 시작 전에 ●
옆 · 어깨 · 소매아래 · 옷깃둘레 · 밑단 · 소맷부리의
원단 끝에 지그재그봉제 또는 오버록 처리를 한다.

6 소매아래선부터 이어서 옆선을 봉합한다.

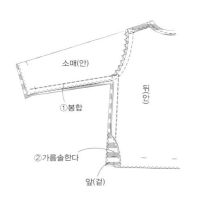

소매(안)
①봉합
뒤(안)
②가름솔한다
앞(겉)

3 앞몸판에 장식 테이프를 단다.

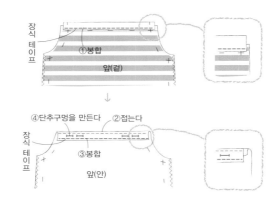

장식 테이프
①봉합
앞(겉)
④단추구멍을 만든다　②접는다
장식 테이프　③봉합
앞(안)

1 어깨선을 봉합한다.

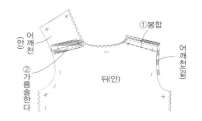

어깨천(안)
①봉합
어깨천(겉)
②가름솔한다
뒤(안)

7 소맷부리를 봉합한다.

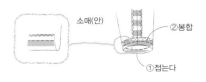

소매(안)
②봉합
①접는다

4 앞몸판에 어깨천을 포개어 겹친다.

뒤(겉)
어깨천
앞(겉)
포갠뒤 시침질로 고정한다

2 옷깃둘레를 봉합한다.

어깨천(안)
①접는다
②봉합
뒤(안)

④접는다
③봉합
장식 테이프
어깨천(겉)
어깨천(안)
뒤(겉)
⑤접는다
⑥봉합
장식 테이프

8 밑단을 봉합한다.

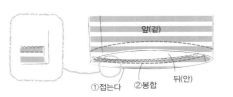

앞(겉)
①접는다　②봉합
뒤(안)

5 소매를 단다.

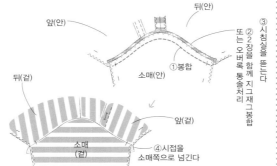

앞(안)
뒤(안)
①봉합
소매(안)
③시침실을 뜬다
②2장을 함께 지그재그봉제 또는 오버록 통솔 처리

뒤(겉)
앞(겉)
소매(겉)
④시접을 소매쪽으로 넘긴다

9 단추를 단다.

어깨천(겉)
단추를 단다
앞(겉)

● 겉감 재단 방법 ●

108cm폭

110 cm / 110 cm / 120 cm / 130 cm

소매
접힘
1 / 1.5 / 1.5 / 2
1.5 / 1.5

35 / 40 / 40 / 50
1.8
옷깃둘레천

접힘
1 / 1.5 / 1
1 / 1.5
앞요크
어깨천
1 / 1

천을 자르고 다시 접힘

뒤
1.5 / 접힘 / 앞 / 1.5
2

108cm폭

● 제도 ●

뒤 / 앞
소매 ↑
0.8

0.7
뒷중심선 접힘 ↑ 뒤
장식 테이프
2 / 1.8

옷깃둘레천(↗)
어깨천
앞요크
0.7
3 / 1
주름
2.6 / 13 / 13.3 / 13.7
앞 ↑
앞중심선 접힘
5
13.5 / 16 / 18.5 / 21
0.8

옷깃둘레천(↗)
스냅 단추
앞요크·안쪽면·凸
어깨천·凹
레이스
5.5 / 6 / 6.5 / 7
0.1
토션레이스폭=5.2

재료 ● ● ● ● ● ●

겉감(21골 코듀로이)108cm폭
110cm / 110cm / 120cm / 130cm
2cm폭의 장식 테이프
스냅 단추 4쌍
5.2cm폭의 토션 레이스
30cm / 30cm / 30cm / 35cm

●완성치수
(전체길이) 50.3cm / 55.8cm / 61.3cm / 66.8cm
(소매길이) 29cm / 32cm / 37cm / 41cm
(가슴둘레) 75cm / 78cm / 80cm / 88cm

···· 사이즈 표시 ····
90cm 사이즈 ○
100cm 사이즈 ◑
110cm 사이즈 ◐
120cm 사이즈 ●
1개 밖에 없는 숫자는 공통

실물크기 패턴은 B면 12·14번을 베끼고 제도를 보며 수정합니다.

※패턴·제도에 시접은 포함되어 있지 않습니다.

11의 만드는 방법

봉합의 시작과 끝은 되돌아박기를 합니다.

● 봉합 시작 전에 ●
옆·어깨·소매아래의 원단 끝에 지그재그 봉제 또는 오버록 처리를 한다.

④ 앞몸판에 어깨원단을 포개어 겹친다.
(20페이지 참조)

⑤ 소매를 단다.(20페이지 참조)

⑥ 소매아래선부터 이어서 옆선을 봉합한다.
(20페이지 참조)

⑦ 소맷부리를 봉합한다.
소매(안)
두 번 접어 봉합

⑧ 밑단을 봉합한다.
앞(겉)
두 번 접어 봉합 / 뒤(안)

⑨ 스냅 단추를 단다.
어깨천(겉) / 스냅 단추를 단다(凹)
스냅 단추를 단다(凸)
앞(겉)

③ 앞요크를 단다.
①앞판에 주름을 잡는다(9페이지 참조)
겉요크(안)
②봉합
앞(겉)
③시접을 요크쪽으로 넘긴다
안요크(안)
앞(안)
겉요크(겉) / 안요크(안)
④접는다
⑤봉합
앞(겉)
⑥안요크를 겉으로 뒤집는다
겉요크 / 안요크(겉)
⑦시침질 해준다
앞(겉)
⑧봉합
레이스(겉)
앞(겉)
⑨시침실을 빼낸다

① 어깨선을 봉합한다.(20페이지 참조)

② 옷깃둘레를 봉합한다.
②시접을 0.5cm로 잘라준다
옷깃둘레천(안)
어깨천(겉)
①봉합
뒤(겉)
옷깃둘레천(겉)
③감싼다
어깨천(안)
④봉합
뒤(안)
⑥접는다 / 어깨천(겉)
⑤봉합
장식 테이프
어깨천(안)
뒤(겉)
⑦접는다
⑧봉합
장식 테이프(겉)

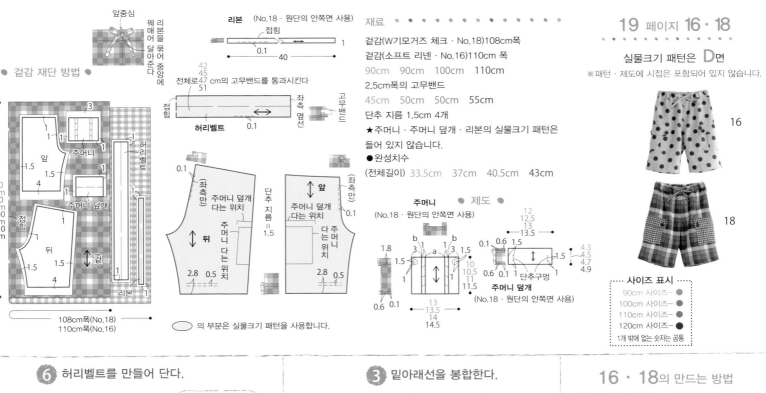

앞중심

리본을 꿰매어 달아 중앙에

● 겉감 재단 방법

리본 (No.18 · 원단의 안쪽면 사용)

접힘
0.1
40
1

전체로 47 cm의 고무밴드를 통과시킨다

42
45
47
51

접힘
좌측 옆선
고무밴드

허리벨트
0.1

3
앞
주머니
1.5
1.5
4
1
1
1
1

주머니 덮개
1

접힘
1
뒤
1.5
1.5
4

겉

허리벨트
1
1

리본

108cm폭(No.18)
110cm폭(No.16)

의 부분은 실물크기 패턴을 사용합니다.

0.1
(좌측만)
주머니 덮개
다는 위치
뒤
주머니
다는
위치
2.8 0.5

단추
지름
=1.5

앞
(좌측만)
주머니 덮개
다는 위치
주머니
다는
위치
0.1
2.8 0.5

재료 ● ● ● ● ● ● ●

겉감(W기모거즈 체크 · No.18)108cm폭
겉감(소프트 리넨 · No.16)110cm 폭
90cm   90cm   100cm   110cm
2.5cm폭의 고무밴드
45cm   50cm   50cm   55cm
단추 지름 1.5cm 4개
★주머니 · 주머니 덮개 · 리본의 실물크기 패턴은
들어 있지 않습니다.
● 완성치수
(전체길이) 33.5cm   37cm   40.5cm   43cm

주머니 ● **제도** ●
(No.18 · 원단의 안쪽면 사용)

1.8
3
1.5
1
1
1.5
b
a
b
1
1

0.6 0.1
13
13.5
14
14.5

12
12.5
13
13.5

0.1 0.6 1.5
1.5
단추구멍
10
10.5
11
11.5

4.3
4.5
4.7
4.9

0.6 0.1
주머니 덮개
(No.18 · 원단의 안쪽면 사용)

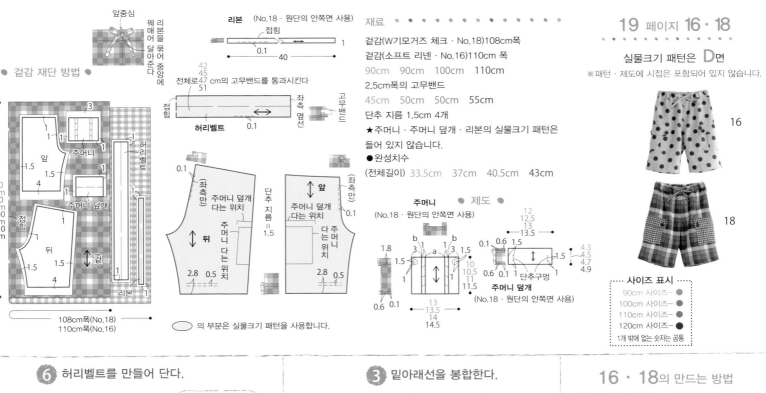

16

18

사이즈 표시
90cm 사이즈 ─ ●
100cm 사이즈 ─ ●
110cm 사이즈 ─ ●
120cm 사이즈 ─ ●
1개 밖에 없는 숫자는 공통

---

6 허리벨트를 만들어 단다.

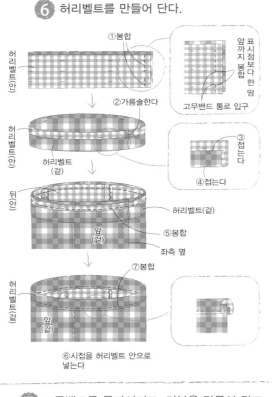

허리벨트(안)

①봉합

앞 표시점보다 한 땀 까지 봉합

고무밴드 통로 입구

②가름솔한다

허리벨트(안)

③접는다
④접는다

허리벨트(겉)

뒤(안)

허리벨트(겉)
⑤봉합
앞(겉)
좌측 옆

⑦봉합

허리벨트(겉)
앞(겉)

⑥시접을 허리벨트 안으로 넣는다

7 고무밴드를 통과시키고, 리본을 만들어 달고, 단추를 달아준다.

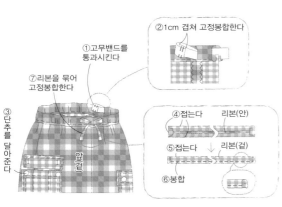

①고무밴드를 통과시킨다

②1cm 겹쳐 고정봉합한다

⑦리본을 묶어 고정봉합한다

③단추를 달아준다

앞(겉)

④접는다   리본(안)
⑤접는다   리본(겉)
⑥봉합

3 밑아래선을 봉합한다.

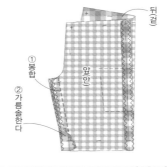

뒤(겉)
①봉합
②가름솔한다
앞(안)

4 밑단을 봉합한다.

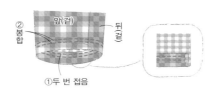

②봉합
앞(겉)
뒤(겉)
①두 번 접음

5 밑위를 봉합한다.

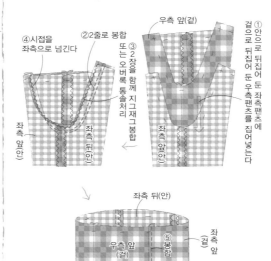

④시접을 좌측으로 넘긴다
②2줄로 봉합
③2장을 함께 오버록 통솔 처리
우측 앞(겉)

①겉과 안으로 뒤집어 둔 좌측 팬츠를 겉으로 뒤집어 둔 우측 팬츠에 집어넣는다

좌측 앞(안)
좌측 뒤(안)
좌측 앞(겉)

좌측 뒤(안)
우측앞(겉)
⑤봉합
좌측 겉 앞

16 · 18의 만드는 방법

봉합의 시작과 끝은 되돌아박기를 합니다.

● 봉합 시작 전에 ●
옆 · 밑아래 · 주머니 덮개의 원단 끝에 지그재그봉제 또는 오버록 처리를 한다.

1 옆선을 봉합한다.

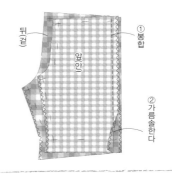

뒤(겉)
①봉합
앞(안)
②가름솔한다

2 주머니 · 주머니 덮개를 만들어 달아준다.(10페이지 참조)

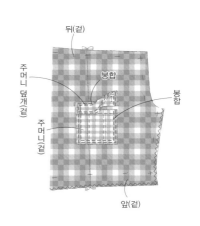

뒤(겉)
주머니 덮개(겉)
봉합
주머니(겉)
봉합
앞(겉)

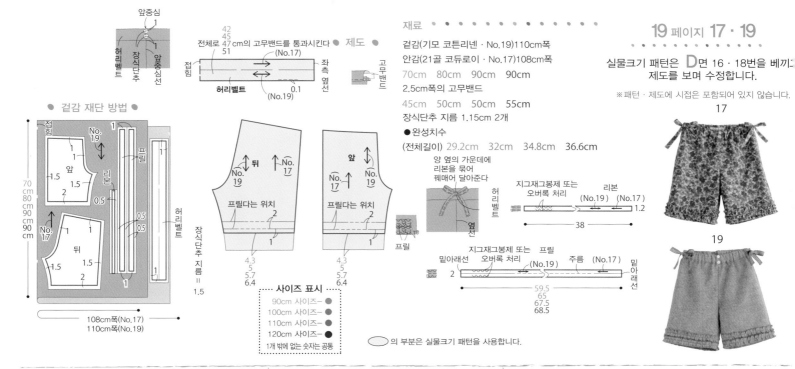

앞중심

앞중심
허리벨트 장식단추 앞중심선

42
45
47
51
전체로 47cm의 고무밴드를 통과시킨다 (No.17)
접힘
좌측 옆선
고무밴드 (No.19)
허리벨트
0.1

● 제도 ●

● 재료 ●
겉감(기모 코튼리넨 · No.19)110cm폭
안감(21골 코듀로이 · No.17)108cm폭
70cm 80cm 90cm 90cm
2.5cm폭의 고무밴드
45cm 50cm 50cm 55cm
장식단추 지름 1.15cm 2개
● 완성치수
(전체길이)29.2cm 32cm 34.8cm 36.6cm

실물크기 패턴은 D면 16 · 18번을 베끼고 제도를 보며 수정합니다.

※패턴 · 제도에 시접은 포함되어 있지 않습니다.

17

19

● 겉감 재단 방법 ●

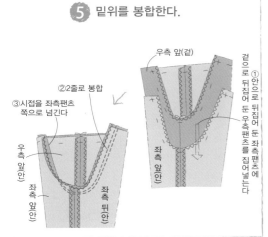

접힘
No.19
앞
프릴
리본
No.17
뒤
허리벨트
장식단추 지름 =
1.5
70cm 80cm 90cm 90cm

108cm폭(No.17)
110cm폭(No.19)

뒤 No.19 No.17
앞 No.17 No.19
프릴다는 위치
4.3 5 5.7 6.4

양 옆의 가운데에 리본을 묶어 꿰매어 달아준다

허리벨트
옆선
프릴

지그재그봉제 또는 오버록 처리 (No.19) 리본 (No.17)
38 1.2

지그재그봉제 또는 오버록 처리 프릴 주름 (No.17)
밑아래선 (No.19) 밑아래선
2
59.5 65 67.5 68.5

● 사이즈 표시 ●
90cm 사이즈 ─ ●
100cm 사이즈 ─ ●
110cm 사이즈 ─ ●
120cm 사이즈 ─ ●
1개 밖에 없는 숫자는 공통

⬭의 부분은 실물크기 패턴을 사용합니다.

---

⑤ 밑위를 봉합한다.

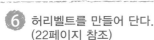

우측 앞(겉)
②2줄로 봉합
③시접을 좌측팬츠 쪽으로 넘긴다
우측 앞(안)
좌측 앞(안)
좌측 뒤(안)

①안으로 뒤집어 둔 우측 팬츠를 좌측 팬츠에 집어넣는다

⑥ 허리벨트를 만들어 단다. (22페이지 참조)

⑦ 고무밴드를 통과시킨다.(22페이지 참조)

⑧ 리본을 만들어 달고, 장식단추를 달아준다.

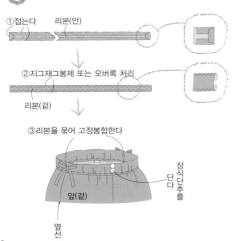

①접는다 리본(안)
②지그재그봉제 또는 오버록 처리
리본(겉)
③리본을 묶어 고정봉합한다
앞(겉)
옆선
장식단추를 단다

---

③ 밑단을 봉합하고, 프릴을 단다.

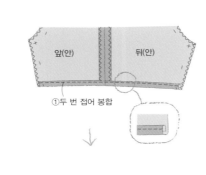

앞(안) 뒤(안)
①두 번 접어 봉합

③큰 땀으로 봉합한 것을 뜯어낸다

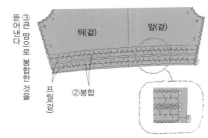

뒤(겉) 앞(겉)
프릴(겉)
②봉합

④ 밑아래선을 봉합한다.

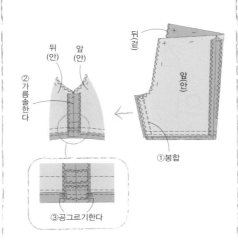

뒤(겉)
뒤(안) 앞(안)
앞(안)
②가름솔한다
①봉합
③공그르기한다

---

17 · 19의 만드는 방법

봉합의 시작과 끝은 되돌아박기를 합니다.

● 봉합 시작 전에 ●
옆 · 밑아래 · 밑위 원단 끝에 지그재그봉제 또는 오버록 처리를 한다.

① 옆선을 봉합한다.

뒤(겉)
앞(안)
①봉합
②가름솔한다

② 프릴을 만든다.

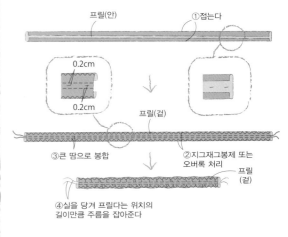

프릴(안) ①접는다
0.2cm
0.2cm
프릴(겉)
③큰 땀으로 봉합
②지그재그봉제 또는 오버록 처리
프릴(겉)
④실을 당겨 프릴다는 위치의 길이만큼 주름을 잡아준다

(남아) 신장 89cm　착용 사이즈 90cm
(여아) 신장 86cm　착용 사이즈 90cm

깜찍한 프린트 니트 원단으로 만든

꼬마아이의 HAPPY STYLE

컬러풀한 물방울무늬, 움직이는 자동차, 딸기 등의 프린트가 깜찍한 기모 니트 원단을 소개합니다
점점 더 가을 분위기가 깊어져 가는 이 시기가 되면 예쁜 후드 점퍼와 하의를 만들고 싶지 않으세요?

촬영／藤田律子
헤어&메이크업／鵜久森慎二　작품제작／清野孝子
페이지 디자인／佐藤次洋　담당／名取美香、矢島悠子

HAPPY STYLE을 완성하기 위한 시보리 니트 원단과 니트 바이어스테이프를 소개합니다. 컬러풀한 배색을 하여 깜찍발랄하게 만들어 주세요!

소프트 1/1 면시보리 Bright Tone
성분 : 면 100%
폭 : 160cm(환형)
색상 : 11 Colors

소프트 1/1 면시보리 Dark Tone
성분 : 면 100%
폭 : 160cm(환형)
색상 : 10 Colors

AngAng 항균 더블니트 바이어스테이프
성분 : 면 100%
폭 : 1cm (양쪽 접힘)
길이 : 270cm / 팩
색상 : 11 Colors
♣AngAng 항균 더블니트 바이어스테이프는
'무형광표백'과 '항균/방취가공'이 되어있습니다.

22

20

23

21

무지컬러 니트 원단과 니트 바이어스테이프로 포인트를 주어

컬러풀한 점퍼를 만들었습니다.

하의도 그와 어울리게 만들어 입혀주면 깜찍발랄한 HAPPY STYLE 완성!

20・22 점퍼
70・80・90cm
만드는 방법 84페이지

21 팬츠
70・80・90cm
만드는 방법 84페이지

23 스커트
70・80・90cm
만드는 방법 84페이지

24

25

24·25 튜닉

90·100·110·120cm

만드는 방법 30페이지 (사진설명서 수록)

니트웨어 소잉!

인기 있는 니트 원단을 사용한 작품을 사진설명서로 자세하게 소개합니다.

니트 원단을 봉합할 때의 포인트와 니트 원단의 종류 및 함께 사용하는 부자재 등도 소개합니다.

꼭 참고해주세요~

촬영／藤田律子（p.26 ～ 29）、腰塚良彦（p.30~37） 페이지 디자인／紫垣和江 담당／名取美香、野崎文乃

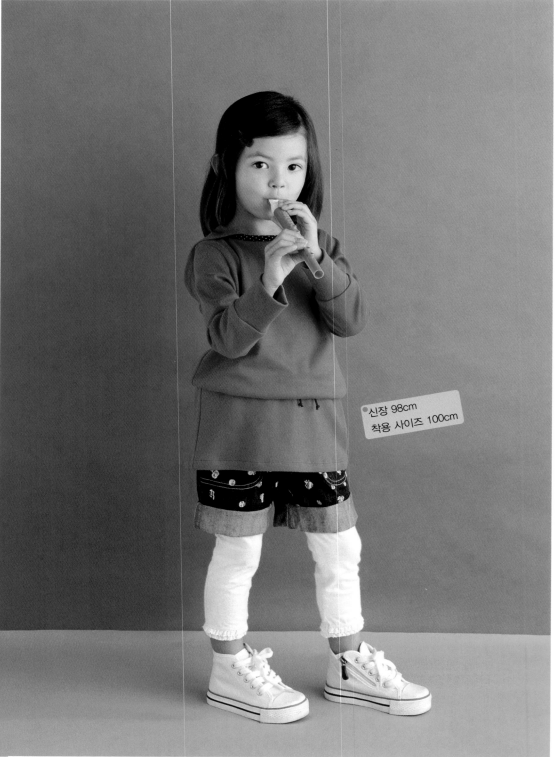

●신장 98cm
착용 사이즈 100cm

라벨을 붙여볼까요?

마음에 드는 라벨을 골라
장식해보세요. 작품의 완성도가
한층 업그레이드 됩니다.

신장 100cm
착용 사이즈 100cm

이런 디자인은 어떠세요?

풀오버가 필요한 계절!
패턴과 봉제 방법은 그대로 하고 후드와
밑단 그리고 소맷부리를 「시보리 니트」로
바꿔주면 또 다른 느낌의 작품이 완성됩니
다. 아이옷 뿐만 아니라 성인의 옷에도
강력 추천합니다.

다양한 코디네이션이 가능한

후드가 달린 튜닉이나 풀오버는

다이마루나 니트, 자카드 니트 등

원단을 바꿔 여러벌 만들어 두고 싶은 아이템입니다.

27

26

26 · 27 풀오버
90 · 100 · 110 · 120cm
만드는 방법 88페이지

27

캥거루 주머니가 포인트인 점퍼 스커트입니다.

밑단을 조금 줄여주어 좀 더 부드러운 실루엣으로 만들었습니다.

28

29

신장 98cm
착용 사이즈 100cm

28 · 29 점퍼 스커트
90 · 100 · 110 · 120cm
만드는 방법 32페이지(사진설명서 수록)

7부 길의의 넉넉한 팬츠와 스키니 타입의 팬츠.

바지에 맞춰 각각 2종류의 주머니로 포인트를 주었습니다.

자카드 니트나 기모 니트, 다이마루 니트 등

여러 종류의 니트 원단으로 만들어 보세요.

32·33 팬츠
90·100·110·120cm
만드는 방법 34페이지(사진설명서 수록)

30·31 팬츠
90·100·110·120cm
만드는 방법 90페이지

신장 100cm
착용 사이즈 100cm

●No.24 겉감 재단 방법●

의 부분은 실물크기 패턴을 사용합니다.

배색천

소매 2

소매 2

후드 4

스커트 밑단선 4

스커트 밑단선 4

앞 2

뒤 2

커프스 2

접힘

걸

150cm
160cm
170cm
180cm

접힘

━ 46cmW폭(92cm폭) ━

제도

끈
길이 34
끈
굵기 0.3
No.25
바이어스테이프 폭=No.24 니트바이어스테이프

고무밴드를 통과시킨다

늘려가며 달아준다

우측 옆선 접힘

배색천

전체로 51 55.5 58 60cm의 고무밴드를 통과시킨다

뒤 앞
소매 2

0.5

늘려가며 달아준다

↑ 커프스 7

16.5
16.5
17.5
17.5

후드

0.5 (좌측만)

후드
1.5

접힘

후드 b

후드 b

바이어스

뒤
뒷중심선 접힘

후드
끝점
후드다는
바이어스테이프

앞
앞중심선 접힘

a

a

b

●완성치수●
(전체길이) 48cm 53cm 58cm 63.5cm
(소매길이) 31.5cm 34.5cm 39.5cm 43.5cm
(가슴둘레) 61cm 64cm 66cm 74cm

늘려가며 달아준다

우측 옆선 접힘

배색천 ☆ 5

좌측 옆선

28
29.5
30.5
34

17.6
18.4
19
21.3

스커트

11
13.5
16
18.5

중심선 접힘

1.5

(스커트의 앞과 뒤는 같은 모양입니다.)

고무밴드

······ 사이즈 표시 ······
90cm 사이즈 ━
100cm 사이즈 ━
110cm 사이즈 ━
120cm 사이즈 ━
1개 밖에 없는 숫자는 공통

26 페이지 24・25

실물크기 패턴은 B면

패턴・제도에 시접은 포함되어 있지 않습니다.

25   24

【재료】
・No.24
겉감(다이마루 니트)46cmW폭
150cm 160cm 170cm 180cm
니트 바이어스테이프 1.1cm폭
40cm 40cm 45cm 45cm
・No.25
겉감(니트) 165cm폭
100cm 110cm 110cm 140cm
・No.24・25 공통
식서 실크접착테이프심지 1cm폭 20cm
0.9cm폭의 고무밴드 55cm 60cm 60cm 65cm
굵기 0.3cm의 장식끈 35cm

★커프스, 배색천, 스커트의 실물크기 패턴은 들어 있지 않습니다.

●No.25 겉감 재단 방법●

접힘

옷깃둘레천 4.8
20 20 25 25

커프스 2

앞 2

후드 2

배색천 2

배색천 2

중심선

스커트

소매 2

뒤 2

165cm 폭

━ 100cm 110cm 110cm 140cm ━

늘어남 방지를 위한 식서 실크접착테이프심지 붙이는 위치

리본

길이 34cm의 장식끈을 묶는다

묶는다

☆=리본다는 위치 (앞만)

●재료・소잉용품을 준비하자●
★니트 원단 소잉에 편리한 도구는 37페이지. 기본 소잉용품은 77페이지 참조

니트 소잉용 봉제사 (미로 우리실)

장식끈

니트 바이어스테이프

식서 실크접착테이프

고무밴드

겉감

●만드는 방법●
① 어깨선을 봉합한다.
② 후드를 만들어 달아준다.
③ 소매를 달고, 소매아래부터 옆선을 이어서 봉합한다.
④ 배색천을 만든다.
⑤ 스커트를 만든다.
⑥ 몸판, 배색천, 스커트를 맞추어 봉합한다.
⑦ 고무밴드를 통과시킨다.
⑧ 리본을 단다.
완성

★봉합의 시작과 끝은 되돌아박기를 합니다. 바늘땀이 잘 보이도록 하기 위해 눈에 띄는 색상의 실을 사용했지만, 실제로 봉합할 때에는 원단의 색과 가까운 색상의 실을 사용하세요.
★깔끔하게 봉합하기 위한 포인트는 36페이지 참조

②2 후드를 만들어 단다.

직선봉합

지그재그봉합

후드 (안)

①후드를 겉끼리 맞춰 「지그재그봉합」하고, 원단 끝에는 「지그재그봉합」을 한다

후드 (겉)

직선봉합

②다림질로 시접을 좌측으로 넘기고, 「직선봉합」으로 봉합한다

③원단 끝을 머신으로 「지그재그봉합」을 한다. 「지그재그봉합」방법은 36페이지 참조

지그재그봉합

앞(안)

뒤(안)

앞(안)

④뒤로 넘긴다

다림질로 시접을

①1 어깨선을 봉합한다.

표시점

앞(안)

식서 실크접착테이프심지

①앞의 어깨선에 늘어남 방지를 위해 식서 실크 접착테이프심지를 붙이고, 다시 표시점을 찍는다

②앞과 뒤를 겉끼리 맞대고 「직선봉합」합니다

직선봉합

앞(안)

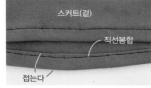

스커트(겉)
직선봉합
접는다

③밑단을 두 번 접고, 「직선봉합」을 한다

6 몸판, 배색천, 스커트를 맞대어 봉합한다

신축봉합
안 배색천(겉)
스커트(겉)

①③과 같은 모양으로 맞춤점을 찍어주고, 스커트의 겉끼리 겉 배색천을 맞대어 배색천을 늘려가면서 「신축봉합」으로 봉합한다

신축봉합
안 배색천(겉)
지그재그봉합
스커트(안)

②③과 같은 모양으로 맞춤점을 찍고, 몸판의 겉끼리 겉 배색천을 맞대어 배색천을 늘려가면서 「신축봉합」을 한다. 원단 끝에 「지그재그봉합」으로 봉합한다

7 고무밴드를 통과시킨다.

꿰매어 고정한다
1cm 포갠다

다림질로 배색천의 위쪽의 시접은 몸판 쪽, 아래쪽의 시접은 스커트 쪽으로 각각 넘겨주고, 고무밴드를 통과시킨다

8 리본을 달아준다.

리본을 묶고, 꿰매어 달아준다

완성
앞
뒤

앞안 뒤안

⑦다림질로 시접을 뒤쪽으로 넘긴다

4 배색천을 만든다.

겉 배색천(안)
직선봉합

안 배색천(안)
직선봉합
1cm
고무밴드 통로 일부

①겉 배색천을 겉끼리 맞대고 「직선봉합」으로 맞대어 봉합한다
②안 배색천을 겉끼리 맞대고 「직선봉합」으로 봉합한다

배색천(안)

③다림질로 가름솔한다

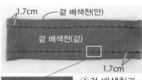

1.7cm
겉 배색천(안)
겉 배색천(겉)
1.7cm
신축봉합

④겉 배색천과 안 배색천을 안끼리 맞대고 「신축봉합」으로 봉합한다

5 스커트를 만든다.

직선봉합
뒤스커트(안)
직선봉합
지그재그봉합

①스커트를 겉끼리 맞대어 「직선봉합」으로 봉합하고, 원단 끝에 「지그재그봉합」을 해준다

뒤스커트(안)
앞스커트(안)

②다림질로 시접을 뒤스커트쪽으로 넘긴다

3 소매를 달고, 소매아래선부터 옆선을 이어서 봉합한다.

소매(겉)
맞춤점
커프스(겉)
접는다

①커프스를 반으로 접고, 커프스와 소매둘레를 4등분하여 맞춤점을 찍는다

커프스(겉)
소매(겉)

②맞춤점에 맞춰 시침핀으로 고정시킨다

③커프스를 늘려가며 「신축봉합」으로 봉합하고, 원단 끝에 「지그재그봉합」을 한다

지그재그봉합
신축봉합
커프스(겉)

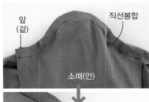

소매(안)
커프스(겉)

④다림질로 시접을 소매쪽으로 넘겨준다

앞(겉)
직선봉합
소매(안)
소매(안)
지그재그봉합

⑤소매와 몸판을 겉끼리 맞대어 「직선봉합」으로 봉합하고, 원단 끝을 「지그재그봉합」해준다. 시접은 몸판 쪽으로 넘긴다

지그재그봉합
소매(안)
앞안
직선봉합

⑥소매와 몸판을 각각 겉끼리 맞대어 「직선봉합」으로 이어서 봉합하고, 원단 끝을 「지그재그봉합」으로 봉합한다

접는다
후드(안)
후드(겉)
직선봉합

③후드둘레를 두 번 접고, 「직선봉합」을 한다

④몸판과 후드를 안끼리 맞대어 「신축봉합」을 한다

앞(안)
신축봉합
후드(겉)

포갠다 1cm 접어
테이프
니트 바이어스테이프

⑤몸판과 니트 바이어스테이프를 겉끼리 맞대고 시침핀으로 고정시킨다

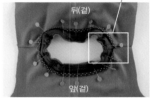

뒤(겉)
앞(겉)

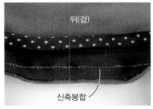

뒤(겉)
신축봉합

⑥「신축봉합」으로 봉합한다

뒤(겉)

⑦니트 바이어스테이프의 시접에 맞춰서 시접을 잘라준다

신축봉합
뒤(겉)

⑧니트 바이어스테이프로 옷깃둘레의 시접을 감싸고, 겉에서부터 「신축봉합」으로 봉합한다

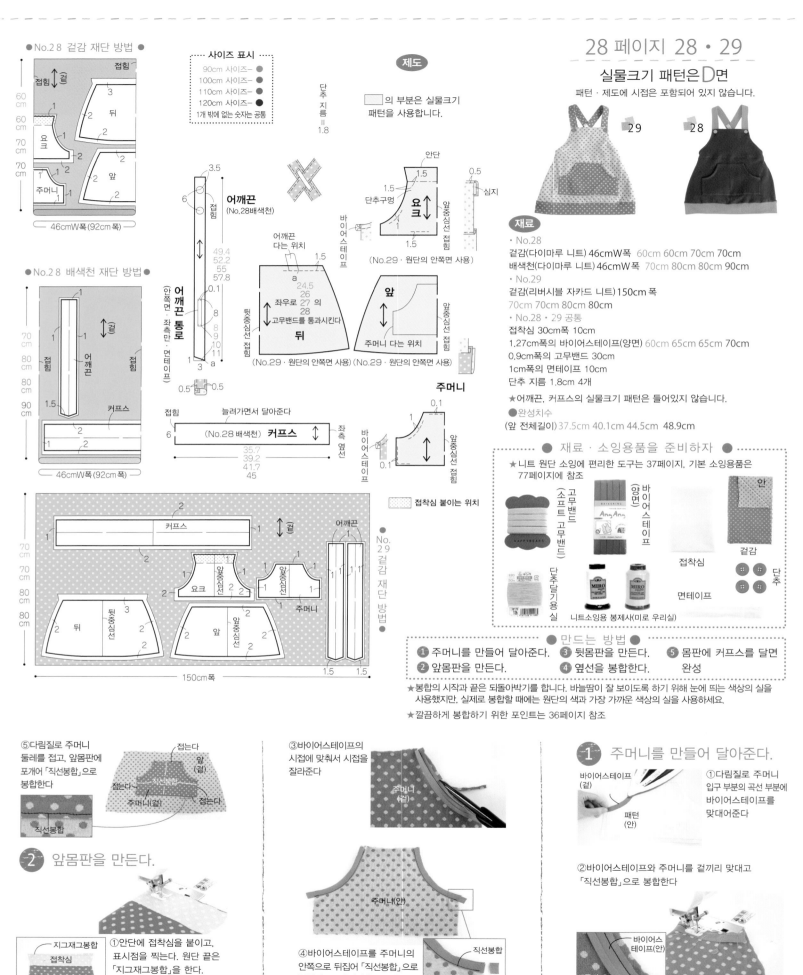

● No.28 겉감 재단 방법 ●

60cm
60cm
70cm
70cm

접힘
접힘 / 겉
요크
뒤
3
2
1
1
2
앞
2
1
주머니
2
1

46cmW폭 (92cm 폭)

● No.28 배색천 재단 방법 ●

70cm
80cm
80cm
90cm

접힘
겉
1
어깨끈
접힘
접힘
1
1.5
커프스
2
2
1
1

46cmW폭 (92cm 폭)

● 사이즈 표시 ●
90cm 사이즈 - ●
100cm 사이즈 - ●
110cm 사이즈 - ●
120cm 사이즈 - ●
1개 밖에 없는 숫자는 공통

제도
□의 부분은 실물크기 패턴을 사용합니다.

단추 지름 = 1.8

어깨끈 (No.28배색천)
접힘
6
접힘
49.4
52.2
55
57.8
0.1
8
8
9
10
11
1
3
a
0.5 0.5

(안쪽면・좌측만・면테이프)
어깨끈 통로

뒷중심선 접힘
좌우로 24.5 / 26 / 27 / 28 의 고무밴드를 통과시킨다
뒤
(No.29・원단의 안쪽면 사용)

어깨끈 다는 위치
안단
단추구멍
1.5
1.5
1.5
요크
바이어스테이프
앞중심선 접힘
(No.29・원단의 안쪽면 사용)

0.5
심지
앞중심선 접힘

앞
주머니 다는 위치
앞중심선 접힘
(No.29・원단의 안쪽면 사용)

접힘 / 늘려가면서 달아준다
6
(No.28 배색천) 커프스
좌측 옆선
35.7
39.2
41.7
45

바이어스테이프
주머니
앞중심선 접힘
0.1
0.1

접착심 붙이는 위치

No.29 겉감 재단 방법

70cm
70cm
80cm
80cm

커프스
겉
1
2
어깨끈
1 1 1 1
2
요크
앞중심선
1 1
앞중심선
2
1
주머니
2
뒤
뒷중심선
3
2
2
앞
앞중심선
2
1
1.5 1.5

150cm폭

29 · 28

재료
・No.28
겉감(다이마루 니트) 46cmW폭 60cm 60cm 70cm 70cm
배색천(다이마루 니트) 46cmW폭 70cm 80cm 80cm 90cm
・No.29
겉감(리버시블 자카드 니트) 150cm 폭
70cm 70cm 80cm 80cm
・No.28・29 공통
접착심 30cm폭 10cm
1.27cm폭의 바이어스테이프(양면) 60cm 65cm 65cm 70cm
0.9cm폭의 고무밴드 30cm
1cm폭의 면테이프 10cm
단추 지름 1.8cm 4개
★어깨끈, 커프스의 실물크기 패턴은 들어있지 않습니다.

● 완성치수
(앞 전체길이) 37.5cm 40.1cm 44.5cm 48.9cm

● 재료・소잉용품을 준비하자 ●
★니트 원단 소잉에 편리한 도구는 37페이지, 기본 소잉용품은 77페이지에 참조

고무밴드
(소프트 고무밴드)
바이어스테이프(양면)
안
겉감
접착심
단추달기용 실
면테이프
니트소잉용 봉제사(미로 우리실)
단추

● 만드는 방법 ●
① 주머니를 만들어 달아준다.
② 앞몸판을 만든다.
③ 뒷몸판을 만든다.
④ 옆선을 봉합한다.
⑤ 몸판에 커프스를 달면 완성

★봉합의 시작과 끝은 되돌아박기를 합니다. 바늘땀이 잘 보이도록 하기 위해 눈에 띄는 색상의 실을 사용했지만, 실제로 봉합할 때에는 원단의 색과 가장 가까운 색상의 실을 사용하세요.
★깔끔하게 봉합하기 위한 포인트는 36페이지 참조

⑤다림질로 주머니 둘레를 접고, 앞몸판에 포개어 「직선봉합」으로 봉합한다
접는다
앞 (겉)
접는다
직선봉합
주머니(겉)
접는다
직선봉합

③바이어스테이프의 시접에 맞춰서 시접을 잘라준다
주머니(겉)

2 앞몸판을 만든다.

①안단에 접착심을 붙이고, 표시점을 찍는다. 원단 끝은 「지그재그봉합」을 한다. 「지그재그봉합」방법은 36페이지 참조
지그재그봉합
접착심
요크(안)

④바이어스테이프를 주머니의 안쪽으로 뒤집어 「직선봉합」으로 봉합하고, 삐져나온 부분을 잘라준다
주머니(안)
직선봉합

1 주머니를 만들어 달아준다.

①다림질로 주머니 입구 부분의 곡선 부분에 바이어스테이프를 맞대어준다
바이어스테이프(겉)
패턴(안)

②바이어스테이프와 주머니를 겉끼리 맞대고 「직선봉합」으로 봉합한다
바이어스테이프(안)
주머니(겉)
직선봉합

③커프스를 반으로 접는다. 커프스와
몸판을 8등분으로 나눠 맞춤점을 찍는다

④맞춤점에 맞춰 시침핀으로 고정시킨다

⑤커프스를 늘려
가면서 「신축봉합」
으로 봉합한다

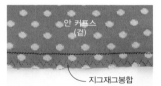

⑥원단 끝을 「지그재그봉합」한다

⑦다림질로 시접을 몸판쪽으로 넘겨준다

■완■성■

앞
• • • •

뒤
• • • •

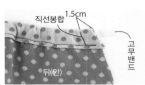

⑦고무밴드를 통과시키고, 「직선봉합」
으로 고정시킨다

⑧반대쪽도 고무밴드를 잡아 당겨
「직선봉합」으로 고정시킨다

-4- 옆선을 봉합한다.

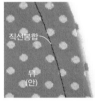

②원단 끝에 지그재그봉합을 하고,
다림질로 시접을 뒤쪽으로 넘겨준다

-5- 몸판에 커프스를
달아준다.

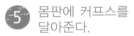

①커프스를 겉끼리
맞대고 「직선봉합」
으로 봉합한다

②다림질로 시접을 가름솔한다

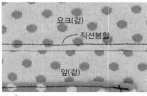

⑧「직선봉합」으로 봉합한다

-3- 뒷몸판을 만든다.

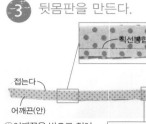

①어깨끈을 반으로 접어
「직선봉합」으로 봉합한다.
모서리는 잘라준다

②어깨끈을 겉으로 뒤집는다

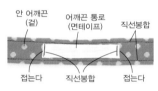

③양 끝을 「직선봉합」으로 봉합하고,
어깨끈 통로를 「직선봉합」으로
달아준다

④단추를 단다

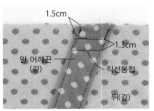

⑤뒤의 겉면과 어깨끈을 맞대어 「직선
봉합」을 한다

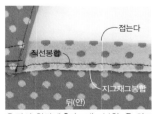

⑥뒤의 윗단에 「지그재그봉합」을 하고,
다림질로 접어 「직선봉합」을 한다

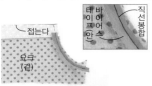

②안단을 겉쪽으로 접고, 주머니와
같은 모양으로 소매둘레의 곡선에
맞댄 바이어스테이프를 요크에 포개
어 「직선봉합」으로 봉합한다.

③바이어스테이프를 요크 안쪽으로
뒤집어준다

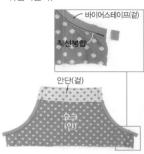

④안단을 요크 안쪽으로 뒤집어 소매
둘레와 윗단을 「직선봉합」으로 봉합
한다. 삐져나온 부분은 잘라준다.

⑤단추구멍을
만들고, 송곳으로
구멍을 벌린다.

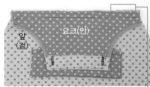

⑥요크과 앞을
겉끼리 맞대고
「직선봉합」으로
봉합한다.

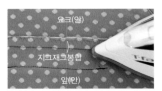

⑦원단 끝에 「지그재그봉합」을 하고,
시접을 요크 쪽으로 넘긴다.

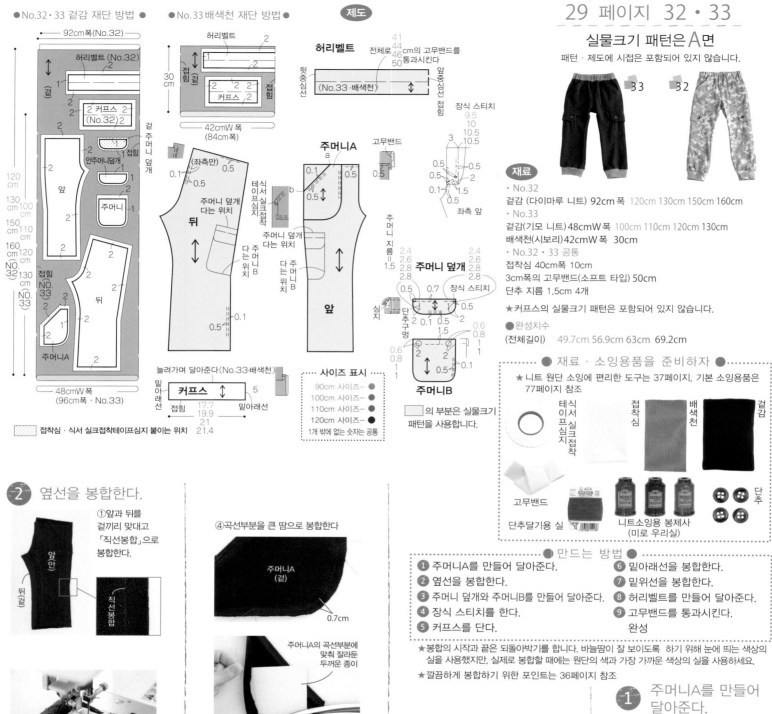

●No.32·33 겉감 재단 방법●

92cm폭(No.32)

허리벨트 (No.32)

겉
걸
120cm
130cm 100cm
150cm 110cm
160cm 120cm
NO. 130cm
32 NO.
(33)

2 커프스 2
(No.32)2

겉 주머니 덮개
안주머니덮개
접힘

앞

주머니

뒤

접힘

주머니A

48cmW폭
(96cm폭·No.33)

●No.33 배색천 재단 방법●

허리벨트

30cm

접힘 겉

2 2
커프스 2

42cmW폭
(84cm폭)

제도

허리벨트
41
44
46 cm의 고무밴드를
50 통과시킨다
전체로

뒷중심선
앞중심선
접힘

(No.33·배색천)

장식 스티치
9.5
10
10.5
10.5

주머니A
(좌측만)
0.5
0.1 0.5

주머니 덮개
다는 위치

테식이서프실크심지접착

다는 위치
주머니B

뒤

주머니A
a
0.1 0.5
b

주머니 덮개
다는 위치

다는 위치
주머니B

앞

고무밴드
0.5

0.5
0.5 0.5
0.5
0.1 1.5
0.5
좌측 앞

주머니 지름 = 1.5
2.4
2.6
2.8
2.8

주머니 덮개
2.4
2.6
2.8
2.8
0.5 0.7
0.5
장식 스티치
심지
단추구멍
2 0.1 0.5

0.6
0.8
1
1

0.6
0.8
1
0.6
0.8
1
1.5

주머니B

늘려가며 달아준다(No.33·배색천)
밑아래선
커프스
접힘 밑아래선
17.7
19.9
21
21.4
5

사이즈 표시
90cm 사이즈─○
100cm 사이즈─○
110cm 사이즈─●
120cm 사이즈─●
1개 밖에 없는 숫자는 공통

접착심·식서 실크접착테이프심지 붙이는 위치

[ ]의 부분은 실물크기 패턴을 사용합니다.

재료

· No.32
겉감 (다이마루 니트) 92cm 폭 120cm 130cm 150cm 160cm

· No.33
겉감(기모 니트) 48cmW 폭 100cm 110cm 120cm 130cm
배색천(시보리)42cmW 폭 30cm

· No.32·33 공통
접착심 40cm폭 10cm
3cm의 고무밴드(소프트 타입) 50cm
단추 지름 1.5cm 4개

★커프스의 실물크기 패턴은 포함되어 있지 않습니다.

●완성치수
(전체길이) 49.7cm 56.9cm 63cm 69.2cm

● 재료·소잉용품을 준비하자 ●

★니트 원단 소잉에 편리한 도구는 37페이지, 기본 소잉용품은 77페이지 참조

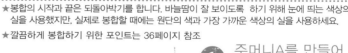

테식이서프실크심지접착
접착심
배색천
겉감

고무밴드
단추달기용 실
니트소잉용 봉제사
(미로 우리실)
단추

● 만드는 방법 ●

① 주머니A를 만들어 달아준다.
② 옆선을 봉합한다.
③ 주머니 덮개와 주머니B를 만들어 달아준다.
④ 장식 스티치를 한다.
⑤ 커프스를 단다.
⑥ 밑아래선을 봉합한다.
⑦ 밑위선을 봉합한다.
⑧ 허리벨트를 만들어 달아준다.
⑨ 고무밴드를 통과시킨다.
완성

★봉합의 시작과 끝은 되돌아박기를 합니다. 바늘땀이 잘 보이도록 하기 위해 눈에 띄는 색상의 실을 사용했지만, 실제로 봉합할 때에는 원단의 색과 가장 가까운 색상의 실을 사용하세요.

★깔끔하게 봉합하기 위한 포인트는 36페이지 참조

② 옆선을 봉합한다.

①앞과 뒤를 겉끼리 맞대고 「직선봉합」으로 봉합한다.

앞안
뒤겉
직선봉합

④곡선부분을 큰 땀으로 봉합한다

주머니A
(겉)
0.7cm

주머니A의 곡선부분에 맞춰 잘라둔 두꺼운 종이

⑤실을 당기고, 시접을 접는다

②원단 끝에 「지그재그봉합」을 한다. 「지그재그봉합」의 방법은 36페이지 참조

앞안
지그재그봉합

⑥앞에 주머니A를 포개어 「직선봉합」을 한다

직선봉합
주머니A(겉) 앞겉

③시접을 뒤쪽으로 넘기고

직선봉합
뒤겉 앞겉

③시접을 뒤쪽으로 넘기고

직선봉합
주머니A(안)

③주머니A 입구를 「직선봉합」으로 봉합한다

① 주머니A를 만들어 달아준다.

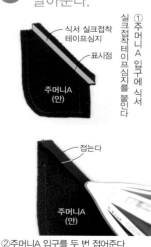

식서 실크접착 테이프심지
표시점
주머니A(안)

①주머니A 입구에 식서 실크접착테이프심지를 붙인다

접는다

주머니A(안)

②주머니A 입구를 두 번 접어준다

④「직선봉합」으로 봉합한다

 허리벨트를 만들어 달아준다.

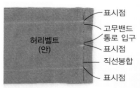
표시점 / 고무밴드 통로 입구 / 표시점 / 직선봉합 / 표시점 / 허리벨트(안)

①허리벨트를 겉끼리 맞대고 「직선봉합」으로 봉합한다

허리벨트(안)

②다림질로 시접을 가름솔한다

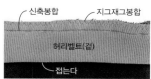
신축봉합 / 지그재그봉합 / 허리벨트(겉) / 접는다

③팬츠의 겉면에 허리벨트를 포개고 「신축봉합」으로 봉합한다. 원단 끝에 「지그재그봉합」을 해준다

허리벨트(겉) / 신축봉합 / 팬츠(겉)

④시접을 팬츠쪽으로 넘기고 「신축봉합」을 한다

9 고무밴드를 통과시킨다.

1cm 겹친다 / 고정봉합한다 / 고무밴드를 통과시키고 고정봉합한다

완 성
앞
뒤

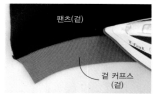
팬츠(겉) / 겉 커프스(겉)

③다림질로 시접을 팬츠 쪽으로 넘긴다

6 밑아래선을 봉합한다.

지그재그봉합 / 앞팬츠(겉) / 뒤팬츠(안) / 직선봉합

①앞팬츠와 뒤팬츠를 겉끼리 맞대어 「직선봉합」으로 봉합하고, 「지그재그봉합」을 해준다

뒤팬츠(안) / 앞팬츠(안)

②시접을 뒤쪽으로 넘긴다

7 밑위선을 봉합한다.

좌측 팬츠(겉) / 우측 팬츠(안)

①겉으로 뒤집어 둔 우측 팬츠 안으로 안으로 뒤집어 둔 좌측 팬츠를 넣는다

직선봉합 / 지그재그봉합 / 우측 팬츠(안)

②밑위를 「직선봉합」으로 봉합하고 「지그재그봉합」을 한다

우측 팬츠(안) / 좌측 팬츠(안)

③다림질로 시접을 좌측으로 넘긴다

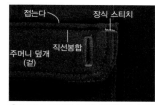
주머니 덮개(겉) / 주머니B(겉) / 접는다 / 직선봉합

⑦주머니A와 같은 모양으로 실을 당기고 시접을 접는다. 주머니 덮개와 주머니B를 팬츠에 포개어 「직선봉합」으로 봉합한다

접는다 / 장식 스티치 / 직선봉합 / 주머니 덮개(겉)

⑧주머니 덮개를 주머니B쪽으로 넘겨 「직선봉합」으로 봉합하고 장식 스티치(2~3땀 겹쳐서 봉합)를 한다

주머니B(겉)

⑨단추를 단다

4 장식 스티치를 한다.

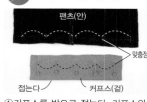
직선봉합 / 장식 스티치 / 좌측 앞겉 / 좌측 앞에 「직선봉합」을 하고 장식 스티치(2~3땀 겹쳐서 봉합)를 한다

5 커프스를 단다.

팬츠(안) / 맞춤점 / 접는다 / 커프스(겉)

①커프스를 반으로 접는다. 커프스와 팬츠를 4등분하여 맞춤점을 찍는다

겉 커프스(겉) / 신축봉합 / 지그재그봉합

②맞춤점에 맞춰 시침핀으로 고정시킨 뒤 커프스를 늘려가면서 「신축봉합」으로 봉합한다. 원단 끝에 「지그재그봉합」을 한다

3 주머니 덮개와 주머니B를 만들어 달아준다.

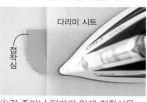
다리미 시트 / 접착심

①겉 주머니 덮개의 안에 접착심을 붙이고, 표시점을 찍는다

안 주머니 덮개(안) / 직선봉합

②주머니 덮개를 겉끼리 맞춰서 「직선봉합」을 한다

안 주머니 덮개(안)

③곡선에 가위집을 넣고 시접을 솔기부분으로 접어준다

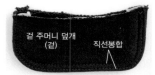
겉 주머니 덮개(겉) / 직선봉합

④겉으로 뒤집어 「직선봉합」을 해준다

겉 주머니 덮개겉

⑤단춧구멍을 만들고, 실뜯게(리퍼)로 구멍을 벌려준다

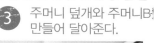

접는다 / 직선봉합 / 지그재그봉합 / 주머니B(안) / 0.7cm

⑥주머니B의 윗단을 「지그재그봉합」 하고, 주머니 입구를 접어 「직선봉합」으로 봉합한다. 곡선부분은 큰 땀으로 봉합한다

③ **노루발은 니트 원단용 테프론 노루발을 사용**

금속 노루발보다 원단과의 마찰이 적으므로, 늘어나기 쉽거나 잘 밀리지 않는 소재도 부드럽고 깔끔하게 봉합할 수 있습니다.

④ **봉합하기 어려울 때는 0.5cm 띄어서 그리고 바늘땀을 크게**

먼저 재단한 후에 남은 원단으로 시험봉합을 해보고 난 후에 봉합하기 어려울 때는 원단 끝에서 5mm정도 간격을 두고 봉합을 시작하면 쉽게 할 수 있습니다. 바늘땀을 크게 하면 보다 부드럽게 봉합할 수 있습니다. 봉합의 마무리에 실이 엉켜버린 경우에는 0.5cm 남겨두고 실을 끊으면 됩니다.

0.5 cm
봉합

⑤ **약간 팽팽하게 봉합한다.**

약간 팽팽한 듯이 봉합하면 원단이 느슨해지지 않고 예쁘게 봉합할 수 있습니다. 너무 짱짱하게 봉합하면 원단이 늘어나 버릴 수 있기 때문에 주의해 주세요. 늘어나 버린 경우에는 다리미의 스팀을 사용하여 수축시켜주면 좋습니다.

깔끔하게 봉합하기 위한 5가지 포인트

② **원단의 마무리 (지그재그봉합)는 맞추어 봉합한 이후에**

니트 원단은 원단 끝이 둥글게 말리기 때문에 봉합하기가 어려운 경우가 많습니다. 시접을 많이 더해 맞춰서 봉합하고 나서 원단 끝을 마무리(지그재그봉합)합니다.

봉합 되돌아박기는 많이
표시점

지그재그봉합의 가장자리를 자름

① **두꺼운 니트 원단은 원단 폭을 넓게 재단**

시침핀을 꽂기 어렵거나 원단끼리 미끌리기 쉬운 두꺼운 니트 원단(2장의 원단이 합쳐진 리버시블이나 자카드 니트 원단, 기모 니트 원단)은 좌우판이 나뉜 패턴을 만들거나, 원단을 넓게 재단하세요.

②중심선을 따라 접는다　①패턴을 베낀다

시접을 넓게 잡아 더한다　③반대쪽 패턴을 베낀다

※시접을 더하는 방법은 76페이지 참고

⑤한쪽 면에 초크 페이퍼로 표시를 한다　④패턴을 잘라 넓은 폭의 원단 위에 놓는다

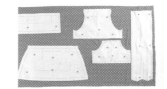
원단 아래에 넣는다
묻는 초크 면

원단의 안쪽면에 표시한 경우

원단 아래에 넣는다
묻지 않은 면

원단의 겉면에 표시한 경우

*초크 페이퍼로 표시하기 어려운 경우에는 실표뜨기로 표시해 주세요.(76페이지 참조)

시침핀을 꽂기 어려운 경우에는 문진을 놓고 재단을 하거나 표시점을 찍어주세요.

니트 원단의 종류
다양한 니트 원단을 소개합니다. 작품을 만드실 때 참고하시면 좋아요.

W폭이란…? 원형 또는 도구를 사용해 짜여진 니트 원단으로 펼치거나 하지 않고 통으로 된 그대로 사용하면 다루기 쉽습니다.

리버시블 자카드 니트 (2중 니트 No.26 · 27 · 29 · 30)

무늬를 만들면서 2장의 원단을 붙여 놓은 니트 원단입니다. 겉면과 안쪽면 양면을 모두 사용할 수 있다는 것이 특징입니다. 다소 두꺼운 감이 있는 원단이므로 원단 폭을 넓게 재단하세요. (윗 그림 참조)

안
2장이 이어져 있음

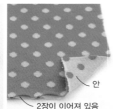
안
2장이 이어져 있음

다이마루 니트 (No.24 · 28 · 32)

아동복에 자주 사용되는 부드러운 니트 원단입니다. 프린트 원단 이외에는 겉면과 안쪽면의 구별이 힘들기 때문에 어느 면을 겉면으로 사용해도 상관없습니다. 겉면을 바깥이 되게 접고 양면 초크 페이퍼로 표시해 줍니다.

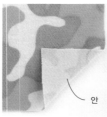
안

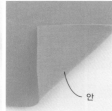
안

싱글 니트 (No.25)

원단의 끝이 말리기 쉽고 다이마루 니트보다 신축성이 적은 원단입니다. 겉면과 안쪽면의 구별이 확실히 되어있습니다. 다이마루처럼 원단을 포개어 겹쳐 재단합니다.

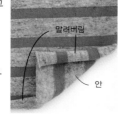
말려버림
안

시보리 니트 (No.31 · 33 의 배색천)

겉 짜임과 안 짜임이 교차로 짜여져 있어 구별이 확실한 신축성있는 니트 원단입니다. 짜임이 선명하기 때문에 다이마루 니트 원단과 같이 원단을 포개어 겹쳐 재단해도 올이 풀리지 않는 것이 특징입니다.

안

단면 기모 니트 (NO.31 · 33 의 겉감)

원단 끝이 말리기 쉽고 안쪽면이 블럭 모양인 기모로 된 니트 원단입니다. 두꺼운 원단이므로 자카드 니트처럼 원단을 넓게 재단합니다. No.32와 같이 W폭(좌측 설명 참조)은 자르지 않고 통으로 된 그대로 사용합니다.

안
말려버림

알아두면 편리한 소잉용품

송곳
칼라나 주머니의 모서리나 곡선부분을 깔끔하게 할 때에 사용합니다.
끝이 둥글기 때문에 원단이 상할 염려가 없습니다.
/해피베어스

시접 고정용 집게
원단에 두꺼운 시침핀을 꽂아 원단이 풀려버리는 경우에는 시침핀 대신에 사용합니다.
/해피베어스

머신용 기름
머신(재봉틀)의 톱니 부분이나 바늘에 칠해주면 뻑뻑한 원단도 부드럽게 봉합할 수 있습니다.
/해피베어스

니트 원단 소잉에 사용되는 소잉용품

시침핀
일반적인 시침핀보다 바늘이 긴 타입이 두꺼운 니트 원단도 문제 없습니다.
/클로버(일본)

니트용 머신바늘
원단에 걸리지 않게 바늘끝이 조금 둥글게 된 바늘.
원단의 두께에 따라 바늘의 두께도 골라 사용하세요.
/해피베어스

니트 원단용 봉제사
원단의 신축성에 따라 늘고 주는 니트 원단 전용 봉제사
/미로 우리실(일본)

식서 실크접착테이프심지
어깨선이나 칼라(옷깃)둘레, 주머니 입구 등 늘어나기 쉬운 곳에 사용합니다.
얇은 테이프이므로 그대로 잘라 쓰기 편리합니다.
/해피베어스

접착심
접착심을 붙이면 잘 늘어나지 않으므로 봉합하기도 쉽고 깔끔하게 완성됩니다.
얇고, 신축성이 있는 것을 고르세요.

테프론 노루발/얇은원단 노루발
니트 원단 및 라미네이트 원단, 가죽, 인조 가죽 등에도 사용합니다. (36페이지 참조)
/해피베어스

니트웨어 소잉에 좋은 가정용 머신!
New Premium Machine NCC

매직아트(CC-1865)
여자 마음을 한층 더 헤아린 섬세하고 정교한 디자인에, 넓고 편한 작업이 가능한 와이드 테이블로 작업의 효율성을 높였습니다. 고객맞춤 세팅 기능을 더해 누구나 자신의 작업스타일에 맞는 맞춤 세팅이 가능합니다. 또한 패턴 설정 시 기본 세팅 값이 이미 설정되어 있어 별도의 조정없이도 최적의 작업이 가능합니다. 패턴 편집 및 확장 기능까지 갖추고 있어 머신퀼트 및 자수 작업에 매우 유용합니다. 여기에 576가지 다양한 스티치 표현이 가능하고 듀얼램프로 작업시 훨씬 밝은 공간에서 작업이 가능합니다. 더불어 7포인트 톱니 및 공업용 머신과 동일한 침판으로 원단의 밀림없이 자유자재로 손쉬운 작업이 가능합니다.

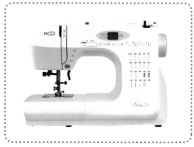

스마트(CC-1867)
자연을 생각하여 최소한의 기능만을 담아 소잉머신의 몸체를 작고 슬림하게 디자인한 실용적인 디자인으로 소비전력 절감으로 효율은 높고 전기세는 낮췄습니다. 기능 버튼의 감촉을 달리 디자인하여 버튼 별 다른 감촉으로 손 감각만으로 쉽게 빠르게 버튼을 찾을 수 있습니다. 또한 하이플렉스 LED가 장착되어 있어 수명이 길고 반영구적으로 사용가능하며 장시간의 작업에도 눈에 피로를 주지 않으며, 정밀하고 세심한 재봉이 가능합니다.

캔디(CC-8803)
전자식 머신으로 머신의 작동이 발판이 아닌 시작/정지 버튼으로 가능하며 발판에 익숙하지 않거나 머신을 처음 사용하는 초보자도 손쉽게 머신 작동이 가능합니다. 쉽고 빠른 패턴 선택이 가능한 360도 회전 패턴다이얼을 사용하여 패턴 선택이 쉽고, 또한 속도 조절도 자유자재로 슬라이드로 조절할 수 있기 때문에 보다 완성도 높은 작품 표현이 가능합니다.

매직(CC-1861)

깔끔하고 세련된 디자인에 메인 작동이 버튼 식으로 구성되어 있어 발판으로 미세한 조절이 어려웠던 부분까지 쉽게 조절이 가능합니다. 또한 동급 모델에서는 찾아볼 수 없는 패턴 무늬 완성 기능이 있어 자수를 비롯한 스티치 구현 시에 매우 유용하게 사용 가능 합니다. 여기에 손쉬운 전구 교환과 머신의 수명을 좌우하는 청소 및 관리가 용이하도록 면판이 개폐식으로 구성되어 있습니다. 디지털 머신인만큼 패턴 조작이 용이한 것도 장점입니다.

로즈(CC-8801)

머신을 처음 사용하는 초보자에게 꼭 필요한 가격 합리성과 편리함을 모두 갖춘 머신으로 15가지 기본적인 패턴에 자동 실 끼우기 장치 및 자동 밑실 감기 장치가 있어 머신을 사용함에 있어 매우 편리합니다. 또한 고급 사양의 머신에 적용되는 우수한 기능들이 많이 적용되어 있어 누구나 손쉽게 머신을 활용한 재봉을 하실 수 있습니다.

심플리(CC-9902)
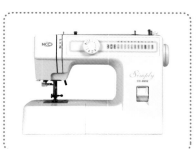
심플한 디자인에 가정용 머신의 기본 사양을 고루 갖춘 팔방미인 머신으로 20만원대에서 찾아볼 수 없는 자동 실꿰우기 기능을 갖추었습니다. 또한 힘이 좋은 수직 가마 구조로 되어있어 동급대비 두꺼운 원단도 밀림없이 손쉽게 봉재해 줍니다. 여기에 실패꽂이가 2개 장착되어 있어 큰 실패도 사용가능합니다.

NCC | New Premium Machine 뉴 프리미엄 스타일 머신 | www.ncckorea.co.kr 1644-5662

34 튜닉
S · M · L
만드는 방법 90페이지

35 원피스
90 · 100 · 110 · 120cm
만드는 방법 88페이지

(여아) 신장 112cm
　　　착용 사이즈 110cm
*엄마는 M사이즈를 입고 있습니다.
옷길이는 모델의 키에 맞춰
조절하였습니다.

엄마와 여자아이의
가을의 새침데기 스타일

슬쩍 멋부리고 나가고 싶어지는 계절에 추천하고 싶은
엄마의 튜닉과 여자아이의 원피스입니다.
페이즐리가 프린트 된 코튼 원단을 사용하여 만들고
군데군데 장식한 레이스로 포인트를 주었습니다.

촬영／藤田律子　　모델／ヒロミ　　헤어&메이크업／鵜久森慎二
페이지 디자인／佐藤次洋　작품제작／寺田志津香　담당／名取美香、矢島悠子

심플소잉으로부터 날아온 따끈따끈한 패브릭 소식

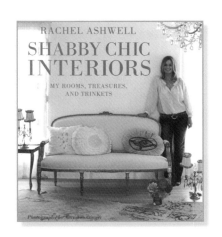

Rachel Ashwell의
Shabby Chic 국내 런칭

영국 캠브리지 출생의 작가이자 디자이너 Rachel Ashwell이 1989년 런칭한 섀비 시크. 낡은 듯한 편안함과 화사함이 공존하는 섀비 시크 스타일을 이제 한국에서 만나보실 수 있습니다.

낡은 것에서 멋을 찾는다는 의미의 섀비 시크. 패브릭의 소프트하고 로맨틱한 무드를 기본으로 낡은 매력을 지닌 빈티지와 정크의 멋을 더한 오래되고 흐트러진 것들이 전하는 전 세계적으로 인기를 얻고 있는 친숙한 스타일입니다.

타임지와 피플지가 극찬하고 전 세계 모든 인테리어 잡지에 매달 등장하는 오리지널 유럽 스타일의 섀비 시크를 이제 심플소잉을 통해 만나세요. 페이스북(Shabby Chic)과 트위터(@Shabby Chic_HQ) 그리고 Rachel Ashwell의 블로그를 통해 미리 만나보실 수 있습니다.

Garden Rose Collection

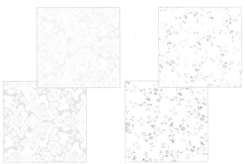

〈Neutral – 7 Fabrics〉

〈Lavender – 16 Fabrics〉

〈Pink – 18 Fabrics〉

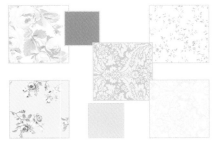

〈Blue – 16 Fabrics〉

가정에서도 즐기는
주말의
Wardrobe

예술의 계절, 스포츠의 계절, 식욕이 돋는 계절, 그래서 즐거운 계절인 가을.
가족과 함께하는 활동이 많아지는 이 계절
엄마 그리고 아빠와 함께하는 스타일을 소개합니다.

촬영／藤田律子　모델／ヒロミ　헤어&메이크업／鵜久森慎二　페이지 디자인／橋本祐子
담당／名取美香、矢島悠子、野崎文乃

(여아) 신장 96cm　착용 사이즈 100cm
*엄마는 M사이즈를 입고 있습니다. 옷길이는 모델의 키에 맞춰 조절하였습니다.

36

37

원피스와 세트로 만들고 싶은
코사지가 달린 슈슈와 헤어밴드

좀 더 차려입고 싶어질 때 입을 수 있는 원피스입니다.

모노톤으로 완성해서 엄마와 딸을 더욱 고급스럽게 연출해 줍니다.

러블리한 느낌을 원하시면 No.41 리본 테이프 프릴이 달린 니트 원단을 추천합니다.

심플한 디자인이므로 No.40과 같은 개성적인 색상을 사용한 프린트 원단도 멋지게 어울린답니다.

for Mom

38

39

for Girls

41

40

---

38 원피스
S · M · L
만드는 방법 92페이지

36 헤어밴드
머리둘레 48~54cm
만드는 방법 104페이지

39～41 원피스
90 · 100 · 110 · 120cm
만드는 방법 92페이지

37 슈슈
만드는 방법 111페이지

신장 96cm
착용 사이즈 100cm

엄마와 여자아이는
레이스를 가득 들어간 튜닉을,
그리고 아빠와 남자아이의
후드가 달린 셔츠는
단추를 열면 보이는 장식 테이프와
롤업이 가능한 소매를 사용하여
더욱 세련되게 연출하였습니다.
몰론 여자아이가 입어도 깜찍합니다.

(여아) 신장 96cm 착용 사이즈 100cm
(남아) 신장 100cm 착용 사이즈 100cm
*엄마는 M사이즈를 입고 있습니다. 옷길이는
모델의 키에 맞춰 조절하였습니다.

코튼/폴리에스테르 혼방으로 만든 크로스 백.
끈의 길이를 단추로 조절할 수 있기 때문에
아빠와 엄마가 함께 쓸 수 있습니다.

42

43

신장 96cm
착용 사이즈 100cm

for Kids

45

44

for Mom

47

46

for Dad

for Girls

49

48

43

(남아) 신장 100cm 착용 사이즈 100cm
(여아) 신장 112cm 착용 사이즈 110cm

*엄마는 M사이즈를 입고 있습니다. 옷길이는 모델의 키에 맞춰 조절하였습니다.

for Mom 53

같은 원단을 사용했지만 어딘지 모르게 다른 깊이가 느껴지는 Mix&Match!
「매치하기가 너무 어렵다는 것이 단점이지만, 한번 도전해보고 싶어요.」라고
말하는 엄마와 아이에게 추천합니다.
원단의 배치를 여러모로 생각해보는 것도 핸드메이드의 매력이라 할 수 있습니다.

for Mom 50

for Girls 54

for Girls 51

for Boys 55

for Boys 52

51 · 54 스커트
90 · 100 · 110 · 120cm
만드는 방법 98페이지

50 · 53 스커트
S · M · L
만드는 방법 97페이지

52 · 55 팬츠
90 · 100 · 110 · 120cm
만드는 방법 96페이지

French Breeze

엄마와 아이의 프로방스 스타일

Vol. 4

프랑스 남부 프로방스 지방의 분위기를 물씬 느낄 수 있는 패브릭을 사용하여 만든 차분한 가을의 나들이웨어. 이번호에서는 엄마의 원피스와 남자아이의 셔츠를 만들어 보았습니다. 옷깃둘레에 아무렇게나 주름을 잡은 헨리 네크라인이 포인트인 셔츠는 여자아이가 입어도 깜찍하답니다.

촬영／藤田律子　모델／ヒロミ　헤어&메이크업／鵜久森慎二
작품 제작／金丸かほり　페이지 디자인／佐藤次洋
담당／名取美香、野崎文乃

(남아) 신장 100cm 착용 사이즈 100cm
* 엄마는 M사이즈를 입고 있습니다. 옷길이는 모델의 키에 맞춰 조절하였습니다.

(여아) 신장 103cm 착용 사이즈 100cm

57

57 원피스
S · M · L
만드는 방법 102페이지

56

56 셔츠
90 · 100 · 110 · 120cm
만드는 방법 102페이지

내 손으로 만드는 바느질
Handmade Sewing DIY Shop

1 : 1 교육을 통하여 하나하나 배워가는 즐거움... 나의 손에서 만들어진 작품 그리고 자신감...

Simple Sewing NCC 대리점은 원단, 부자재, 머신을 한곳에서 직접 보고 체험할 수 있는 국내 유일의 소잉 DIY 전문샵입니다.

어느 곳에서도 만나볼 수 없었던 체계적이고 표준화된 교육 시스템인 **통합 커리큘럼**을 통해 누구나 쉽고 간편하게 소잉을 전문적으로 배울 수 있습니다. 원단, 부자재를 고르는 것과 머신 사용에 이르기까지 소잉 DIY 전반에 걸친 다양한 학습으로 꾸준히 작품 활동을 할 수 있도록 **소잉 실력의 기반**을 다져드립니다.

Simple Sewing 대리점과 함께 **소잉 디자이너가 된 미래의 나**를 만나 보세요.

Handmade Sewing DIY Shop

기초부터 다지면
의상이 쉬워진다.

>>> 통합커리큘럼은 무엇일까요?

소품부터 가방, 의류까지! 작품 만들기를 통해 머신에 대한 기초에서부터, 응용작품까지 작업이 가능하도록 구성된 심플소잉 NCC 대리점 전용 커리큘럼입니다.

각 단계에 맞게 제공되는 교재와 실물 크기 패턴으로 스스로 예습, 복습을 하면서 필수 소잉 스킬을 익히고 내 것으로 만들 수 있도록 도와드립니다.

처음 사용해보는 머신이 두려워도, 어디서부터 시작해야 좋을지 막막해도 전문 교육을 이수한 수준 높은 강사가 1:1로 수업을 진행하기 때문에 부담없이, 재미있게 작품을 만들 수 있습니다.

어디서나 주목받는 인기 아이템과 필수 팁이 가득한 통합 커리큘럼.

여러분을 소잉마스터로 만들어 줄 심플소잉 NCC 대리점만의 특별한 선물입니다.

초급과정
" 머신 기본 재봉 스킬을 배우는 눈과 손이 즐거운 4가지 기본 소잉 "
*교육시간 : 4교시
*교육아이템 : 북커버/에코백/
　　　　　　　스트링파우치/지퍼파우치
*증정패턴 : 메인 4가지 응용 8가지, 총 12가지 실물 크기 패턴 증정

중급과정
" 다양한 머신의 응용 기법을 배우는 행복을 주는 6가지 소잉 스타일 "
*교육시간 : 6교시
*교육아이템 : 원피스형 앞치마/가오리 가방/캐주얼/가방/룸슈즈/바지
*증정패턴 : 메인 6가지, 응용 4가지, 총 10가지 실물 크기 패턴 증정

고급과정
" 당신의 소잉실력을 한층 업그레이드 시켜줄 필수 아이템 8가지 "
*교육시간 : 8교시
*교육아이템 :후드점퍼/큐트/자켓/칼라원피스/러플쿠션/보스턴 백/장지갑/
　　　　　　　빅백/백팩
*증정패턴 : 메인 8가지 응용 8가지, 총 16가지 실물 크기 패턴 증정.

가까운 심플소잉NCC 대리점을 방문해 보세요.
www.ncckorea.co.kr 대표전화 1644-5662

가을의 베이비웨어 & 외출용품

가을에 입히고 싶은 베이비웨어와
아이를 데리고 외출할 때에 편리한 외출용품을 소개합니다.
외출이 잦아지는 계절인 가을. 아이와 멋진 한 때를 보내보자구요~

촬영／藤田律子　페이지 디자인／佐藤次洋　담당／名取美香、野崎文乃

60 ~ 70cm for Baby

신장 62cm

항상 인기있는 패치워크풍의
디자인이 세련된 롬퍼스와
그와 함께 세트로 만든 모자입니다.

59

61

58

60

58 · 59 모자
머리둘레 41~47cm
만드는 방법 111페이지

60 · 61 롬퍼스
60 ~ 70cm
만드는 방법 104페이지

아기에게 필수인 세련된 턱받이.
깜찍한 프린트 원단과 장식 테이프
그리고 봉봉 블레이드로 컬러풀하게
완성하였습니다.

62 ~ 65 턱받이
만드는 방법 112페이지

63   62

65   64

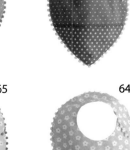

70 & 80cm
+ 90cm
for Baby

신장 79cm 착용 사이즈 80cm

몇 벌이라도 갖고 싶은 베이직한 팬츠.
차분한 느낌의 적당한 실루엣으로
코디네이션 폭도 넓습니다.

66 ~ 68 팬츠
70・80・90cm
만드는 방법 107페이지

68

67

66

50

신장 80cm 착용 사이즈 80cm

큼지막한 리본이 잔뜩 들어간 벌룬 팬츠는
아이라면 한번쯤 꿈꾸는 디자인입니다.
아장아장 걸을때면 더욱 사랑스럽습니다.

71

70

69

69 ～ 71　팬츠
70・80・90cm
만드는 방법 106페이지

신장 79cm 착용 사이즈 80cm

 깔끔한 스퀘어 네크라인의 롬퍼스는
늦여름에는 짧은소매를, 쌀쌀해지면 긴소매의
이너웨어를 입어주면 더욱 실용적입니다.

72

73

72 · 73 롬퍼스
70 · 80cm
만드는 방법 108페이지

라벨을 붙여볼까요?
단조로운 디자인에 포인트로 마음에 드는 라벨을 붙여보는건
어떨까요? 이니셜이나 아이콘 등 작품의 완성도를 한층
업그레이드 시켜 줄 아이템으로 활용해 보세요.

신장 80cm　착용 사이즈 80cm

스커트 또는 에이프런처럼 보이는 뒷모습이 포인트인
점퍼 스커트입니다. 리버시블 원단으로 양면을 모두
사용하여 만들었습니다.

75

74 · 75　점퍼 스커트
70 · 80cm
만드는 방법 109페이지

74

Back Style

Mom & Baby
외출용품

아이와 함께 외출할때면 챙겨야 할 용품들이 많아집니다.
그럴 때 추천해 드리고 싶은 아이템이 수납이 용이한 빅 백입니다.
그리고 아이가 조금씩 걷기 시작하더라도 금새 안고 다녀야 하기 때문에,
신발주머니와 기타용품을 구별해 가지고 다니면 편리합니다.

신발주머니는 라미네이트를 붙여 더욱 튼튼하고, 사용
하기 편리합니다. 손잡이를 단추로 떼었다 붙였다 할 수
있기 때문에 가방으로도 들 수 있습니다.

짐이 가득찬 엄마의 가방.
안주머니도 달려 있습니다.

76·78 빅 백
만드는 방법 87페이지

77·79 신발주머니
만드는 방법 110페이지

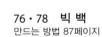

라벨을 붙여볼까요?
디자인에 포인트가 될 수 있는 라벨을 추천합니다.
작품을 완성도를 한층 업그레이드 시켜준답니다.

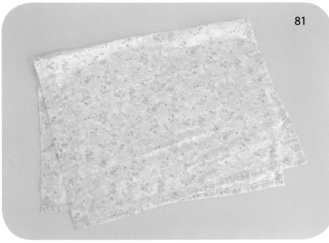

81

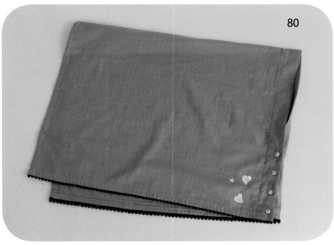

80

카디건 / 수유시

Back Style

외출시 수유할 때에 편리한 케이프는
쌀쌀해지면 카디건처럼 어깨에 걸쳐주면 됩니다.
감촉이 좋은 더블거즈 원단을 추천합니다.

80 · 81 수유 케이프
만드는 방법 112페이지

돌돌말아 감아주면 콤팩트한 사이즈로
휴대하기 편리한 휴대용 기저귀 시트입니다.
아기를 눕히는 면은 융이나 더블거즈 등
부드러운 원단을 사용하세요.

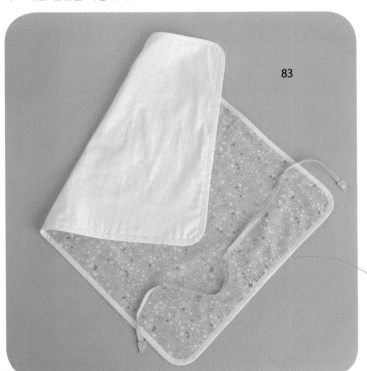

83

82

82 · 83 기저귀 시트
만드는 방법 112페이지

요크 부분에 배색천을 사용해 포인트를 준 원피스.
부푼 모양의 디자인이 깜찍한 가방도 만들었습니다.
옷길이와 소매길이를 짧게한 튜닉은 보더 원단으로
제작하였습니다. 소매에 달린 리본이 포인트입니다.

84

85

84 원피스
90 · 100 · 110 · 120cm
만드는 방법 64페이지

85 가방
만드는 방법 99페이지

86

Basic

Arrange

(우) 신장 107cm 착용 사이즈 110cm
(좌) 신장 109cm 착용 사이즈 110cm

86 튜닉
만드는 방법 64페이지
90 · 100 · 110 · 120cm

라벨을 붙여볼까요?
마음에 드는 라벨을 골라 붙여보는건 어떨까요?
작품의 완성도를 한층 Up 시켜보세요.

기본 작품 · 응용 작품으로 만드는
원피스 & 튜닉

같은 디자인이라도 원단만 바꿔주면 다른 느낌으로 변신합니다.
하지만 그것만으로는 뭔가 부족해서 조금 더 변형시켜 다른 작품을 만들고 싶으시다구요?
이번 호에는 그런 마음을 담아서 패턴을 조금 변형시켜 만드는 원피스와 튜닉을 소개합니다.
함께 매치하면 좋을 소품도 더불어 소개합니다.

촬영／藤田律子　헤어&메이크업／鵜久森慎二　페이지 디자인／佐藤次洋　담당／名取美香、矢島悠子

87

87 원피스
90·100·110·120cm
만드는 방법 82페이지

89 헤어밴드
머리둘레 48∼54cm
만드는 방법 104페이지

88

88 튜닉
90·100·110·120cm
만드는 방법 82페이지

90 헤어밴드
머리둘레 48∼54cm
만드는 방법 104페이지

Basic

전통적인 앞트임 원피스는
밑단에 세련된 장식 테이프를 장식해 포인트를 주었습니다.
튜닉은 절개선까지 앞트임으로 만들어
입고 벗기 편한 디자인입니다.
조금씩 쌀쌀해질 때면
터틀 네크라인의 이너 웨어를 함께 입어줘도 OK!

자투리 원단으로 헤어밴드도
만들어주세요 ♡

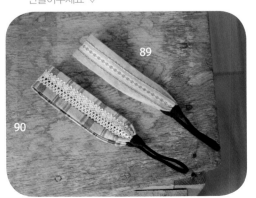

89

90

Arrange

91 원피스
90 · 100 · 110 · 120cm
만드는 방법 62페이지

93 슈슈
만드는 방법 111페이지

92 튜닉
90 · 100 · 110 · 120cm
만드는 방법 62페이지

94 슈슈
만드는 방법 111페이지

Basic

허리선을 낮게 변형하여
조금은 성숙한 느낌인 원피스와 튜닉입니다.
화려한 프린트 원단을 사용한 원피스는
봉봉 블레이드로 포인트를 주었습니다.
튜닉은 코디하기 쉬운 원단을 선택해 주는 것이 좋습니다.

신장 107cm 착용 사이즈 110cm

Arrange

만드는 방법이 간단해
몇 개라도 만들고 싶은 슈슈.

95 원피스
90 · 100 · 110 · 120cm
만드는 방법 60페이지

97 코사지
만드는 방법 111페이지

95

Basic

96

96 튜닉
90 · 100 · 110 · 120cm
만드는 방법 60페이지

98 코사지
만드는 방법 111페이지

좁은 칼라와 리본을 곁들인 주머니가
깜찍한 물방울 무늬의 원피스.
튜닉에는 칼라를 달고 소매를
작은 캡 슬리브로 변형하였습니다.
또 가을 분위기가 가득나는 색상의
보더 무늬의 원단으로 바꾸어 보았습니다.

Arrange

세련된 포인트로
코사지는 어떠세요?

98   97

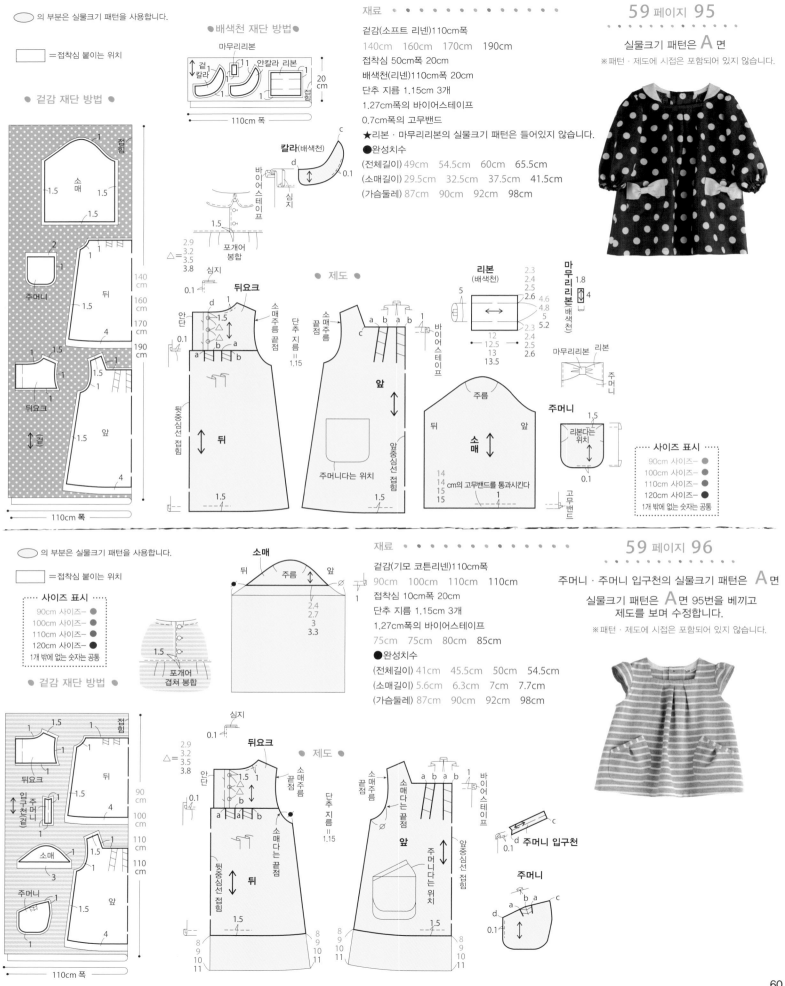

의 부분은 실물크기 패턴을 사용합니다.

= 접착심 붙이는 위치

● 배색천 재단 방법 ●

마무리리본

겉 칼라 1 1 1 안카라 리본 1

20cm

110cm 폭

● 겉감 재단 방법 ●

접힘

소매 1 1.5 1.5 1.5

주머니 2 1 1

뒤 1 1.5 4

140cm 160cm 170cm 190cm

뒤요크 1 1.5 1.5 1

앞 1 1.5 4

110cm 폭

칼라(배색천) c d 0.1

바이어스테이프 심지

2.9 3.2 3.5 3.8 △=

심지 0.1

포개어 봉합 1.5

● 제도 ●

뒤요크

안단 0.1 d 1 1.5

a b a 소매주름끝점 단추 지름 = 1.15

뒷중심선 접힘 뒤

1.5 --4--

소매주름끝점 a b a b 1 바이어스테이프

앞 앞중심선 접힘

주머니다는 위치 1.5 --4--

리본(배색천) 2.3 2.4 2.5 2.6 5 4.6 4.8 5.2 2.3 2.4 2.5 2.6 12 12.5 13 13.5

마무리리본 1.8 4 (배색천)

마무리리본 리본 주머니

주름 뒤 소매 앞 14 14 15 15 14cm의 고무밴드를 통과시킨다 1

주머니 리본다는 위치 1.5 0.1 고무밴드

■ 사이즈 표시 ■
90cm 사이즈─ ●
100cm 사이즈─ ●
110cm 사이즈─ ●
120cm 사이즈─ ●
1개 밖에 없는 숫자는 공통

재료 ● ● ● ● ● ● ● ● ● ● ● ● ●

겉감(소프트 리넨)110cm폭
140cm 160cm 170cm 190cm
접착심 50cm폭 20cm
배색천(리넨)110cm폭 20cm
단추 지름 1.15cm 3개
1.27cm폭의 바이어스테이프
0.7cm폭의 고무밴드
★리본·마무리리본의 실물크기 패턴은 들어있지 않습니다.
●완성치수
(전체길이) 49cm 54.5cm 60cm 65.5cm
(소매길이) 29.5cm 32.5cm 37.5cm 41.5cm
(가슴둘레) 87cm 90cm 92cm 98cm

59 페이지 95

실물크기 패턴은 A 면

※ 패턴·제도에 시접은 포함되어 있지 않습니다.

의 부분은 실물크기 패턴을 사용합니다.

= 접착심 붙이는 위치

■ 사이즈 표시 ■
90cm 사이즈─ ●
100cm 사이즈─ ●
110cm 사이즈─ ●
120cm 사이즈─ ●
1개 밖에 없는 숫자는 공통

● 겉감 재단 방법 ●

접힘

뒤요크 1 1.5 1 1.5

뒤 1.5 4

입구천(겉) 주머니

소매 1 3

주머니 1.5

앞 1 1.5 4

110cm 폭

소매

뒤 주름 앞 2.4 2.7 3 3.3 1

포개어 겹쳐 봉합 1.5

심지 0.1

2.9 3.2 3.5 3.8 △=

● 제도 ●

뒤요크

안단 0.1 1 1.5 1

a b a b 소매다는끝점

뒷중심선 접힘 뒤 1.5 --4--

소매다는끝점 a b a b 1 바이어스테이프

앞 주머니다는 위치 앞중심선 접힘

1.5 --4--

주머니 입구천 c d 0.1

주머니 a b a c d 0.1

8 9 10 11 9 10 11 9 10 11 8 9 10 11

110cm 폭

재료 ● ● ● ● ● ● ● ● ● ● ● ● ●

겉감(기모 코튼리넨)110cm폭
90cm 100cm 110cm 110cm
접착심 10cm폭 20cm
단추 지름 1.15cm 3개
1.27cm폭의 바이어스테이프
75cm 75cm 80cm 85cm
●완성치수
(전체길이) 41cm 45.5cm 50cm 54.5cm
(소매길이) 5.6cm 6.3cm 7cm 7.7cm
(가슴둘레) 87cm 90cm 92cm 98cm

59 페이지 96

주머니·주머니 입구천의 실물크기 패턴은 A 면

실물크기 패턴은 A 면 95번을 베끼고 제도를 보며 수정합니다.

※ 패턴·제도에 시접은 포함되어 있지 않습니다.

⑦ 소매를 만든다.(No.95는 101페이지 참조)

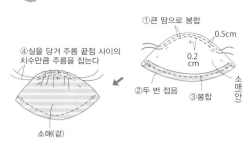

④실을 당겨 주름 끝점 사이의 치수만큼 주름을 잡는다

①큰 땀으로 봉합
0.5cm
0.2cm
소매(안)
②두 번 접음
③봉합
소매(겉)

⑧ 소매를 단다.(No.95는 101페이지 참조)

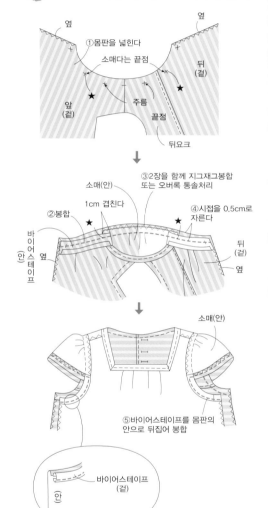

옆 / 옆
①몸판을 넓힌다
소매다는 끝점
앞(겉)
뒤(겉)
주름
끝점
뒤요크

③2장을 함께 지그재그봉합 또는 오버록 통솔처리
소매(안)
1cm 겹친다
②봉합
④시접을 0.5cm로 자른다
바이어스테이프(안)
옆
뒤(겉)
옆

소매(안)
⑤바이어스테이프를 몸판의 안으로 뒤집어 봉합

바이어스테이프(겉)
안

⑨ 소매아래선부터 이어서 옆선을 봉합한다. (65페이지 참조)

⑩ 밑단을 봉합한다.(65페이지 참조)

⑪ 소맷부리를 봉합한다.(65페이지 참조)

⑫ 단추를 단다.(65페이지 참조)

④ 어깨선을 봉합한다.(65페이지 참조)

⑤ 칼라둘레를 봉합한다.

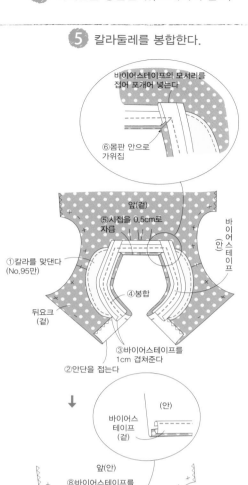

바이어스테이프의 모서리를 접어 포개어 넣는다
⑥몸판 안으로 가위집
앞(겉)
⑤시접을 0.5cm로 자름
바이어스테이프(안)
①칼라를 맞댄다 (No.95만)
④봉합
뒤요크(겉)
③바이어스테이프를 1cm 겹쳐준다
②안단을 접는다

바이어스테이프(안)

앞(안)
⑧바이어스테이프를 몸판안으로 뒤집는다
바이어스테이프(겉)
뒤요크(안)
⑨봉합
⑩단추구멍을 만든다
⑦안단을 몸판의 안으로 뒤집는다

⑥ 뒤와 뒤요크를 맞춰서 봉합한다.

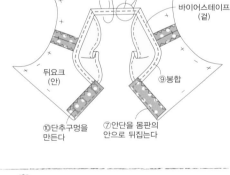

④2장을 함께 지그재그봉합 또는 오버록 통솔처리
③봉합
뒤요크(안)
뒤(겉)
뒤(겉)
2.5cm
①포개어 봉합

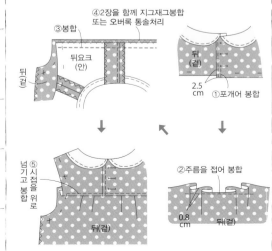

넘기고 ⑤시접을 위로 봉합
뒤(겉)
②주름을 접어 봉합
0.8cm
뒤(겉)

95·96의 만드는 방법

봉합의 시작과 끝은 되돌아박기를 합니다.

● 봉합 시작 전에 ●
①접착심을 붙인다.
②옆·어깨·주머니 입구천(No.95)
·소매아래(No.95)·안단의 원단 끝에 지그재그봉제 또는 오버록 처리를 한다.

① 주머니를 만들어 달아준다.

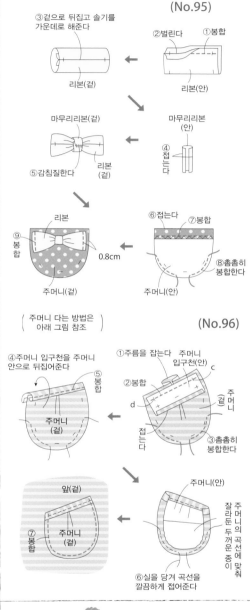

(No.95)

③겉으로 뒤집고 솔기를 가운데로 해준다
②벌린다
①봉합
리본(겉)
리본(안)

마무리리본(겉)
마무리리본(안)
④접는다

⑤감침질한다
리본(겉)

리본
⑨봉합
주머니(겉)

⑥접는다
⑦봉합
0.8cm
⑧촘촘히 봉합한다
주머니(안)

주머니 다는 방법은 아래 그림 참조

(No.96)

①주름을 잡는다
주머니 입구천(안)
c
②봉합
주머니(겉)
d
접는다
③촘촘히 봉합한다

④주머니 입구천을 주머니 안으로 뒤집어준다
⑤봉합
주머니(겉)

앞(겉)
주머니(안)
잘라둔 주머니의 곡선에 맞춰 두꺼운 종이
⑦봉합
주머니(겉)
⑥실을 당겨 곡선을 깔끔하게 접어준다

② 칼라를 만든다.(No.95)

②겉으로 뒤집는다
칼라(겉)
안
겉칼라(안)
③봉합
안칼라(겉)
①봉합

③ 주름을 잡는다

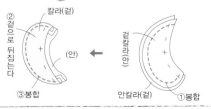

0.8cm
주름을 잡아 봉합
앞(겉)

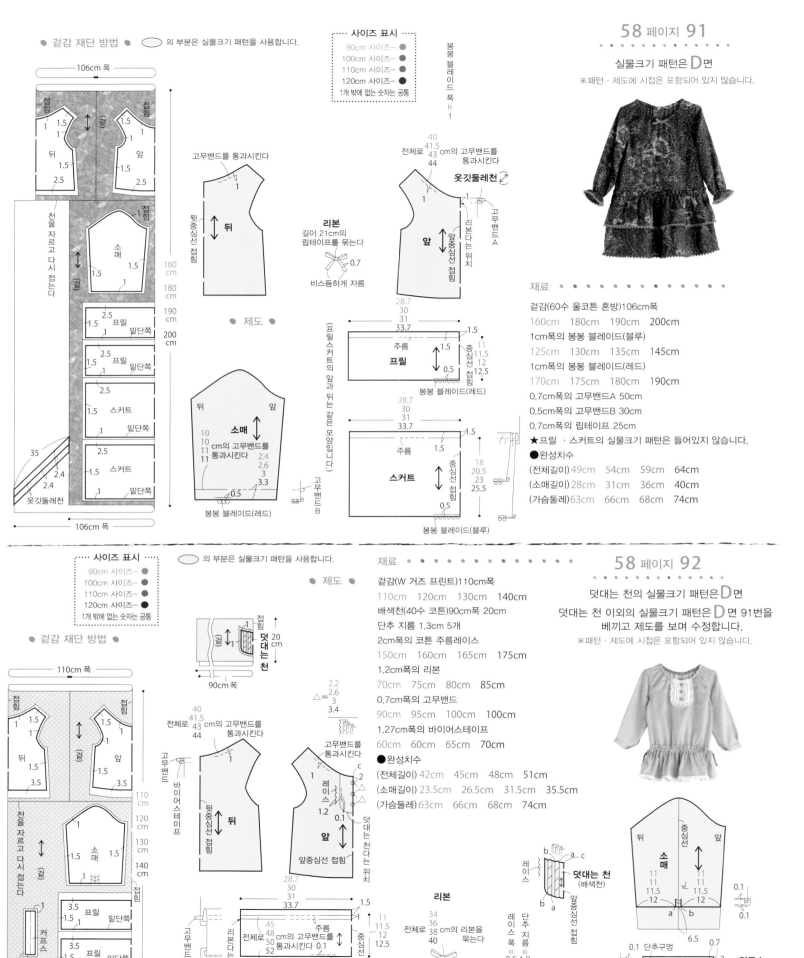

● 겉감 재단 방법 ● ⬭ 의 부분은 실물크기 패턴을 사용합니다.

● 사이즈 표시 ●
90cm 사이즈— ●
100cm 사이즈— ●
110cm 사이즈— ●
120cm 사이즈— ●
1개 밖에 없는 숫자는 공통

봉봉 블레이드 폭=1

실물크기 패턴은 D면

※패턴·제도에 시접은 포함되어 있지 않습니다.

106cm 폭

접힘 1.5 1 / 접힘 1.5 1
뒤 1.5 / 앞 1.5
2.5 / 2.5

천을 자르고 다시 접는다

접힘 1
소매 1.5
1

2.5 프릴 밑단쪽 1.5
2.5 프릴 밑단쪽 1.5
2.5 스커트 밑단쪽 1.5
35 2.4 2.4
2.5 스커트 밑단쪽 1.5 1
옷깃둘레천

160cm / 180cm / 190cm / 200cm

106cm 폭

● 제도 ●

고무밴드를 통과시킨다 1

뒷중심선 접힘 **뒤**

리본
길이 21cm의 립테이프를 묶는다 0.7
비스듬하게 자름

40 41.5 43 44 전체로 cm의 고무밴드를 통과시킨다

옷깃둘레천 ↗

앞 앞중심선 접힘 1

리본다는 위치 / 고무밴드A

소매 뒤 앞
10 10 11 11 cm의 고무밴드를 통과시킨다
2.4 2.6 3 3.3
0.5
봉봉 블레이드(레드)

28.7 30 31 33.7 1.5
프릴 주름 1.5 0.5
11 11.5 12 12.5 중심선 접힘
봉봉 블레이드(레드)

28.7 30 31 33.7 1.5
스커트 주름 1.5
18 20.5 23 25.5 중심선 접힘
0.5
봉봉 블레이드(블루)

고무밴드B

(프릴스커트의 앞과 뒤는 같은 모양입니다)

재료 ●
겉감(60수 울코튼 혼방)106cm폭
160cm 180cm 190cm 200cm
1cm폭의 봉봉 블레이드(블루)
125cm 130cm 135cm 145cm
1cm폭의 봉봉 블레이드(레드)
170cm 175cm 180cm 190cm
0.7cm폭의 고무밴드A 50cm
0.5cm폭의 고무밴드B 30cm
0.7cm폭의 립테이프 25cm
★프릴·스커트의 실물크기 패턴은 들어있지 않습니다.
●완성치수
(전체길이) 49cm 54cm 59cm 64cm
(소매길이) 28cm 31cm 36cm 40cm
(가슴둘레) 63cm 66cm 68cm 74cm

● 사이즈 표시 ●
90cm 사이즈— ●
100cm 사이즈— ●
110cm 사이즈— ●
120cm 사이즈— ●
1개 밖에 없는 숫자는 공통

⬭ 의 부분은 실물크기 패턴을 사용합니다.

● 제도 ●

재료 ●
겉감(W 거즈 프린트)110cm폭
110cm 120cm 130cm 140cm
배색천(40수 코튼)90cm폭 20cm
단추 지름 1.3cm 5개
2cm폭의 코튼 주름레이스
150cm 160cm 165cm 175cm
1.2cm폭의 리본
70cm 75cm 80cm 85cm
0.7cm폭의 고무밴드
90cm 95cm 100cm 100cm
1.27cm폭의 바이어스테이프
60cm 60cm 65cm 70cm
●완성치수
(전체길이) 42cm 45cm 48cm 51cm
(소매길이) 23.5cm 26.5cm 31.5cm 35.5cm
(가슴둘레) 63cm 66cm 68cm 74cm

덧대는 천의 실물크기 패턴은 D면
덧대는 천 이외의 실물크기 패턴은 D면 91번을 베끼고 제도를 보며 수정합니다.

※패턴·제도에 시접은 포함되어 있지 않습니다.

● 겉감 재단 방법 ●

110cm 폭

접힘 1.5 1 / 접힘 1.5 1
뒤 1.5 / 앞 1.5
3.5 / 3.5

천을 자르고 다시 접는다

접힘 1
소매 1.5 1.5

접힘
1 커프스 1
3.5 프릴 밑단쪽 1.5
3.5 프릴 밑단쪽 1.5 1

110cm 폭

110cm / 120cm / 130cm / 140cm

접힘 1
덧대는 천 겉 1
20
90cm 폭

40 41.5 43 44 전체로 cm의 고무밴드를 통과시킨다

고무밴드 / 바이어스테이프

뒷중심선 접힘 **뒤**

2.2 2.6 3 3.4 △

고무밴드를 통과시킨다 1

앞 앞중심선 접힘
c 2 △ △
레이스 1.2
0.1
덧대는 천 다는 위치

28.7 30 31 33.7 1.5
프릴 주름
45 48 50 52 전체로 cm의 고무밴드를 통과시킨다 0.1
11 11.5 12 12.5 중심선 접힘
리본다는 위치 / 레이스 1.2
(프릴의 앞과 뒤는 같은 모양입니다.)

리본
34 36 38 40 전체로 cm의 리본을 묶는다 1.2

레이스 b a c / b a
덧대는 천 (배색천) 앞중심선 접힘
레이스 폭=2.5 1.3
단추 지름 1.3

뒤 중심선 앞 **소매**
11 11 11.5 12 / 11 11 11.5 12
0.1 0.1
a b
6.5 0.7 단춧구멍

0.1 단춧구멍 2 **커프스**
0.1 1 접힘 22 22 23 24

봉합의 시작과 끝은 되돌아박기를 합니다.

● 봉합 시작 전에 ●
옆·어깨·소매아래의 원단 끝에
지그재그봉제 또는 오버록 처리를 한다.

⑧ 스커트·프릴을 단다.

No.91

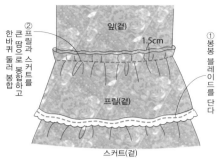

② 프릴과 스커트를 한바퀴 큰 땀으로 둘러 봉합하고

1.5cm

① 봉봉 블레이드를 단다

앞(겉)

프릴(겉)

스커트(겉)

No.92

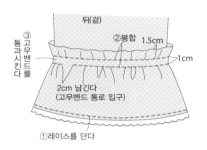

뒤(겉)

② 봉합 1.5cm

③ 고무밴드를 통과시키킨다

1cm

2cm 남긴다
(고무밴드 통로 입구)

① 레이스를 단다

⑨ 리본을 단다.

No.91

① 립테이프를 묶는다

② 꿰매어 고정한다

No.92

① 리본을 묶는다

③ 손바느질로 달아준다

⑩ 장식단추를 단다.(No.92)

장식단추를 달아준다

④ 소매를 단다.

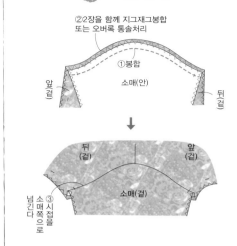

② 2장을 함께 지그재그봉합
또는 오버록 통솔처리

① 봉합

앞(겉)

소매(안)

뒤(겉)

③ 시접을 소매 쪽으로 넘긴다

뒤(겉)

앞(겉)

소매(겉)

⑤ 소매아래선부터 이어서 옆선을 봉합한다.

소매(안)

① 봉합

앞(안)

② 가름솔을 한다

⑥ 소맷부리를 봉합한다.(No.91)

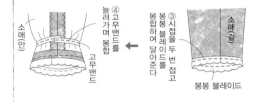

소매(안)

④ 고무밴드를 늘려가며 봉합

③ 시접을 두 번 접고 봉봉 블레이드를 봉합하여 달아준다

소매(겉)

봉봉 블레이드

고무밴드

**⑥ 소매에 커프스를 단다.
(No.92·93페이지 참조)**

⑦ 프릴·스커트를 만든다.

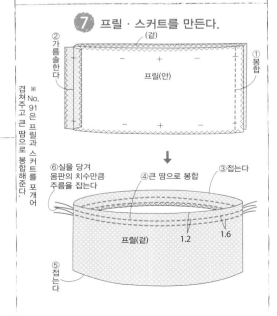

② 가름솔을 한다

프릴(안)

① 봉합

※ No.91은 프릴과 스커트를 포개어 겹쳐주고 큰 땀으로 봉합해준다.

⑥ 실을 당겨 몸판의 치수만큼 주름을 잡는다

④ 큰 땀으로 봉합

③ 접는다

프릴(겉)

1.2 1.6

⑤ 접는다

① 덧대는 천을 만들고 달아준다.(No.92만)

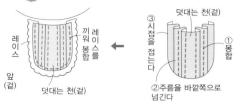

레이스

앞(겉)

덧대는 천(겉)

끼워 레이스를 봉합

③ 시접을 접는다

① 봉합

② 주름을 바깥쪽으로 넘긴다

덧대는 천(겉)

② 어깨선을 봉합한다.

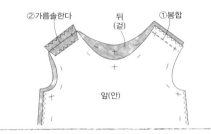

② 가름솔한다

뒤(겉)

① 봉합

앞(안)

③ 옷깃둘레를 봉합한다.

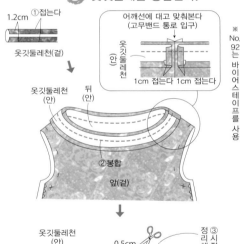

① 접는다 1.2cm

옷깃둘레천(겉)

어깨선에 대고 맞춰본다
(고무밴드 통로 입구)

옷깃둘레천(안)

1cm 접는다 1cm 접는다

※ No.92는 바이어스테이프를 사용

옷깃둘레천(안)

뒤(안)

② 봉합

앞(겉)

옷깃둘레천(안)

0.5cm

③ 정리해 접는다
0.5cm로 잘라

앞(겉)

바이어스테이프(겉)

⑤ 봉합

④ 옷깃둘레천을 몸판 안으로 뒤집는다

앞(겉)

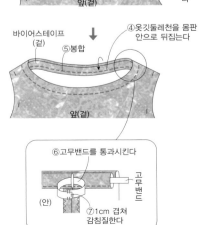

⑥ 고무밴드를 통과시킨다

(안)

고무밴드

⑦ 1cm 겹쳐 감침질한다

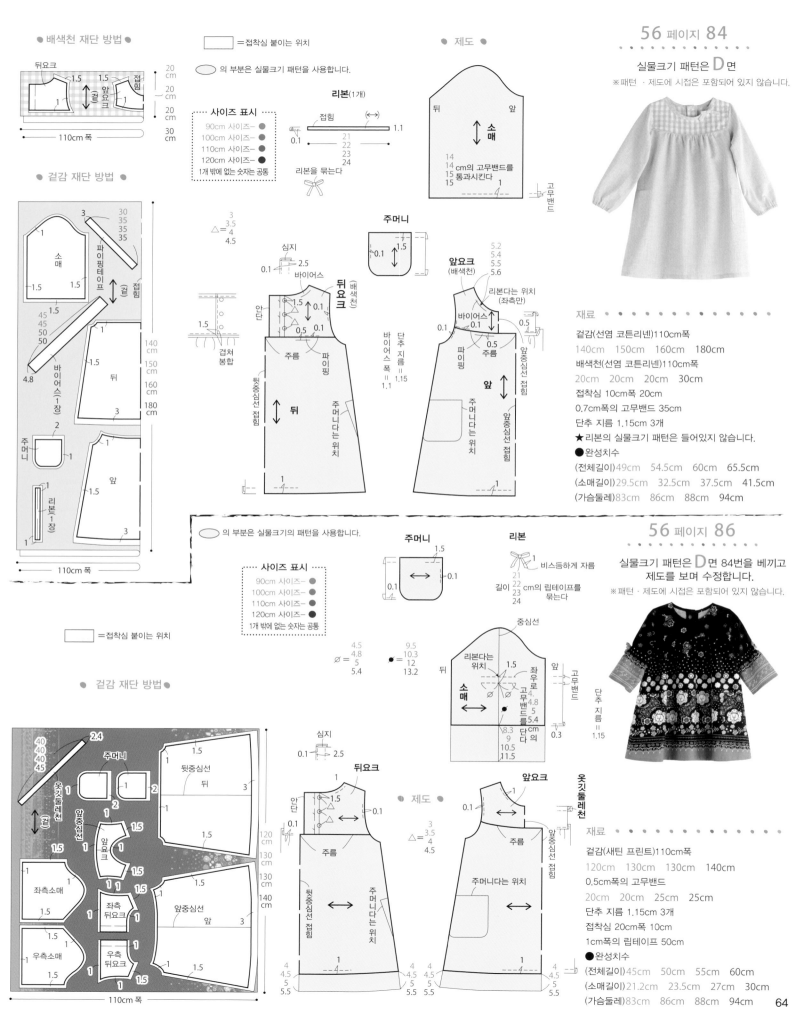

● 배색천 재단 방법 ●

뒤요크
1.5 1.5
접힘
앞요크
걸
1
20cm 20cm 20cm 30cm
110cm 폭

= 접착심 붙이는 위치

의 부분은 실물크기 패턴을 사용합니다.

리본(1개)
접힘
0.1
1.1
21
22
23
24
리본을 묶는다

● 제도 ●

뒤   앞
소매
14
14 cm의 고무밴드를
15 통과시킨다
15
1
고무밴드

● 겉감 재단 방법 ●

소매
3
30 35 35 35
파이핑테이프
접힘
걸
1.5 1.5
45 45 50 50
바이어스(1장)
4.8
뒤
140 150 160 180 cm
1.5
3
주머니
2
앞
1.5
리본(1장)
1
3
1
110cm 폭

사이즈 표시
90 사이즈─●
100 사이즈─●
110 사이즈─●
120 사이즈─●
1개 밖에 없는 숫자는 공통

△ = 3 / 3.5 / 4 / 4.5

심지
0.1 2.5

1.5
겹쳐봉합

안단
1.5 0.1
0.5 0.1
주름
파이핑
뒤요크
(배색천)
뒤
뒷중심선 접힘
주머니다는 위치
1

주머니
0.1 1.5

바이어스 지름
= 1.1
단추 지름
= 1.15

앞요크
(배색천)
5.2 5.4 5.5 5.6
바이어스
0.1 0.1
0.5
주름
0.5
리본다는 위치 (좌측만)
파이핑
앞
앞중심선 접힘
주머니다는 위치
앞중심선 접힘
1

재료

겉감(선염 코튼리넨)110cm폭
140cm 150cm 160cm 180cm

배색천(선염 코튼리넨)110cm폭
20cm 20cm 20cm 30cm

접착심 10cm폭 20cm

0.7cm폭의 고무밴드 35cm

단추 지름 1.15cm 3개

★리본의 실물크기 패턴은 들어있지 않습니다.

● 완성치수

(전체길이)49cm 54.5cm 60cm 65.5cm

(소매길이)29.5cm 32.5cm 37.5cm 41.5cm

(가슴둘레)83cm 86cm 88cm 94cm

의 부분은 실물크기의 패턴을 사용합니다.

주머니
1.5
0.1

리본
비스듬하게 자름
21 22 23 24
길이 cm의 립테이프를 묶는다

사이즈 표시
90 사이즈─●
100 사이즈─●
110 사이즈─●
120 사이즈─●
1개 밖에 없는 숫자는 공통

= 접착심 붙이는 위치

⌀ = 4.5 / 4.8 / 5 / 5.4
● = 9.5 / 10.3 / 12 / 13.2

중심선
리본다는 위치
1.5
뒤   앞
소매
좌우로 4.8 고무밴드 5 5.4
고무밴드
⌀ ⌀
●
8.3 9 10.5 11.5
단의 고무밴드
0.3

단추 지름 = 1.15

● 겉감 재단 방법 ●

40 40 40 45
2.4
주머니
옷깃둘레천
걸
1.5
앞중심선
앞요크
1.5
뒷중심선 뒤
3
1.5
1.5
좌측소매
1.5
좌측 뒤요크
1.5
앞중심선 앞
3
우측소매
1.5
우측 뒤요크
1.5
1.5
120 130 130 140 cm
110cm 폭

심지
0.1 2.5

뒤요크
안단
1.5
0.1
주름
뒷중심선 접힘
주머니다는 위치
4 4.5 5 5.5
1

● 제도 ●

△ = 3 / 3.5 / 4 / 4.5

앞요크
0.1
주름
앞중심선 접힘
주머니다는 위치
앞중심선 접힘
4 4.5 5 5.5
1

옷깃둘레천

재료

겉감(새틴 프린트)110cm폭
120cm 130cm 130cm 140cm

0.5cm폭의 고무밴드
20cm 20cm 25cm 25cm

단추 지름 1.15cm 3개

접착심 20cm폭 10cm

1cm폭의 립테이프 50cm

● 완성치수

(전체길이)45cm 50cm 55cm 60cm

(소매길이)21.2cm 23.5cm 27cm 30cm

(가슴둘레)83cm 86cm 88cm 94cm

⑦ 주머니를 만들어 단다.

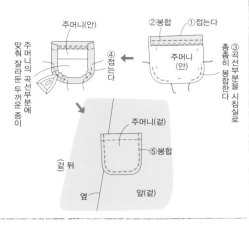

주머니의 곡선부분에 맞춰 잘라둔 두꺼운 종이

주머니(안)
②봉합 ①접는다
곡선부분을 시침실로 촘촘히 봉합한다
주머니(안)
④접는다
주머니(겉)
⑤봉합
옆 뒤(겉) 앞(겉)

⑧ 소맷부리를 봉합한다. (No.86)

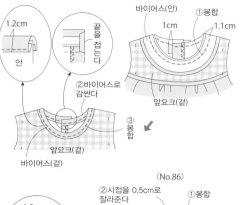

소매(안) ②봉합 ①접는다 No.84
두 번 접어 봉합 소매(안)
③고무밴드를 통과시킨다
④1cm 포개어 고정봉합한다

⑨ 밑단을 봉합한다.

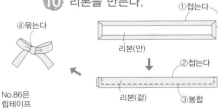

앞(겉)
뒤(안)
1.5cm 두 번 접어 봉합한다

⑩ 리본을 만든다.

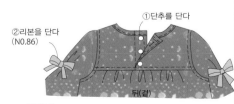

④묶는다
①접는다
리본(안)
②접는다
리본(겉) ③봉합
No.86은 립테이프

⑪ 리본·단추를 달아준다.

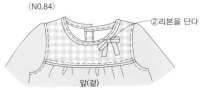

①단추를 단다
②리본을 단다 (N0.86)
뒤(겉)
(N0.84)
②리본을 단다
앞(겉)

④ 옷깃둘레를 봉합한다.

(No.84)

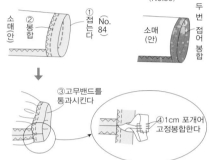

1.2cm 안
끝을 접는다
②바이어스로 감싼다
바이어스(겉)
바이어스(안) ①봉합 1cm 1.1cm
앞요크(겉) ③봉합
앞요크(겉)

(No.86)
②시접을 0.5cm로 잘라준다
①봉합
앞요크(겉)
옷깃둘레천(안)
1.2cm 안
끝을 접는다
④봉합
③옷깃둘레천을 몸판 안쪽으로 뒤집어준다
앞요크(겉)

⑤ 소매를 단다.

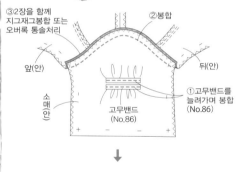

③2장을 함께 지그재그봉합 또는 오버록 통솔처리
②봉합
앞(안) 뒤(안)
소매(안)
①고무밴드를 늘려가며 봉합 (No.86)
고무밴드(No.86)
④시접을 몸판쪽으로
뒤(겉) ⑤봉합 앞(겉)
넘긴다
소매(겉)

⑥ 소매아래선부터 이어서 옆선을 봉합한다.

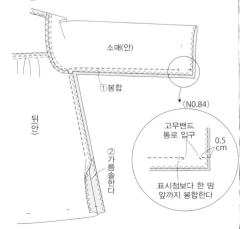

소매(안)
①봉합
뒤(안)
(N0.84)
고무밴드 통로 입구
0.5cm
②가름솔 한다
표시점보다 한 땀 앞까지 봉합한다

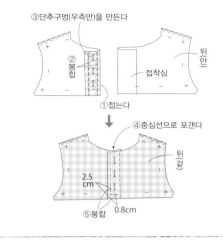

84·86의 만드는 방법

봉합의 시작과 끝은 되돌아박기를 합니다.

● 봉합 시작 전에 ●
①접착심을 붙인다.
②옆·어깨·소매아래·주머니 입구· 안단의 원단 끝에 지그재그봉제 또는 오버록 처리를 한다.

① 뒷단을 봉합한다.

③단추구멍(우측만)을 만든다
②봉합
①접는다
접착심
뒤(안)
④중심선으로 포갠다
뒤(겉)
2.5cm
⑤봉합 0.8cm

② 요크를 단다.

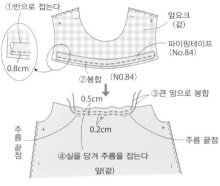

①반으로 접는다
앞요크(겉)
파이핑테이프(No.84)
0.8cm
②봉합 (N0.84)
0.5cm
③큰 땀으로 봉합
주름 끝점 0.2cm 주름 끝점
④실을 당겨 주름을 잡는다
앞(겉)

⑥2장을 함께 지그재그봉합 또는 오버록 통솔처리
⑤봉합
앞요크(안)
앞(겉)

⑧봉합
앞요크(겉)
⑦시접을 요크쪽으로 넘긴다
앞(겉)

③ 어깨선을 봉합한다.

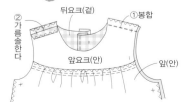

②가름솔 한다
뒤요크(겉) ①봉합
앞요크(안) 앞(안)

내 손으로 직접 만드는
풍성한 퍼 소품

[쿠루룬/하마나카]

99 · 100 · 103 · 104 슈슈
101   성인용 커프스
102 · 105 아린아이용 커프스
　　　(손목둘레 16cm 전후)
만드는 방법 67페이지

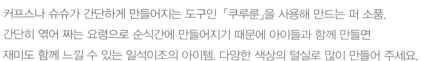

커프스나 슈슈가 간단하게 만들어지는 도구인 「쿠루룬」을 사용해 만드는 퍼 소품.

간단히 엮어 짜는 요령으로 순식간에 만들어지기 때문에 아이들과 함께 만들면

재미도 함께 느낄 수 있는 일석이조의 아이템. 다양한 색상의 털실로 많이 만들어 주세요.

촬영／藤田律子　모델／ヒロミ　헤어&메이크업／鵜久森慎二
페이지 디자인／佐藤次洋　담당／名取美香、野崎文乃

저도 만들수 있답니다♡

No.103 슈슈
털실(핑크) 8m
헤어끈 1개

No. 104 슈슈
털실(퍼플) 8m
헤어끈 1개

No.105 어린아이용 커프스 (1개분)
털실(핑크) 5m
2cm폭의 고무밴드 17cm 전후

★No.102 · 105의 아이용 커프스의 고무밴드는
1cm 겹쳐서 고정봉합하고 고리가 되게 만듭니다.

★털실전용 바늘을 사용합니다.

No.99 슈슈
털실(그라데이션)
털실(레드 X 블랙) 8m
헤어끈 1개

No.100 슈슈
털실(네이비) 8m
헤어끈 1개

No.101 성인용 커프스 (1개분)
털실(그라데이션)
털실(화이트 X 그레이) 15m
헤어끈 1개

No.102 아이용 커프스 (1개분)
털실(베이지)10m
2cm폭의 고무밴드 17cm 전후

 재료

 슈슈와 커프스를 만들어 보아요.

만드는 방법

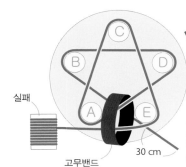

1 실패에 실을 감고 그림과 같이 쿠루룬에 실을 걸어줍니다.

실패

고무밴드

30 cm

고무밴드에 통과시키면서 A~E의 순서로 실을 걸어줍니다. 실 끝은 30cm정도 남깁니다.

❹실을 감아둔 실패를 고무밴드에 통과시킵니다. ①~④를 반복합니다.

❸①,②를 반복하여 한바퀴 엮어 줍니다.

❷나무기둥(A)에 걸린 아랫실(▲)을 집어 실이 감긴 실패의 실에 덮어 씌우듯이 기둥에 끼워줍니다.

2 엮어줍니다.

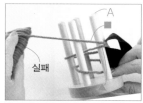

실패

❶실을 감은 실패의 실(■)을 기둥(A)에 걸린 실(▲)의 위로 오게 합니다.

❺실 끝을 잡아 당깁니다.

❹실 끝을 모아 기둥에서 실을 빼냅니다.

❸②를 한바퀴 반복해 줍니다.

❷실을 감아둔 실패의 실을 털실용 바늘에 끼우고,기둥(A)에 걸린 실을 아래에서 위로 바늘을 통과시켜 줍니다.

3 마무리합니다.

❶남은 실이 30cm정도면 E까지 엮어 고무밴드에 실을 통과시킵니다.

슈슈의 경우

❷실을 잘라 실 끝을 슈슈의 안으로 넣으면 완성.

❶처음의 실과 털실용 바늘에 끼워진 실을 2~3번 단단히 묶어 줍니다.

❸한바퀴 둘러 반복하면 완성.

❷맞은편의 코를 줍습니다.

4 실 매듭을 짓습니다.

커프스의 경우

❶손 앞의 코를 털실용 바늘로 줍습니다.

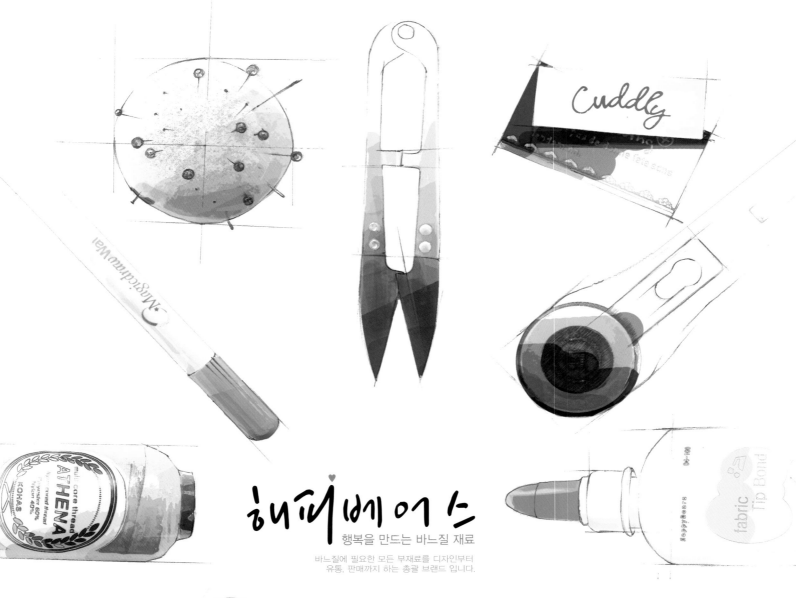

해피베어스

행복을 만드는 바느질 재료

바느질에 필요한 모든 부재료를 디자인부터
유통, 판매까지 하는 총괄 브랜드 입니다.

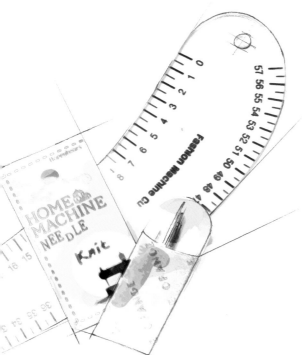

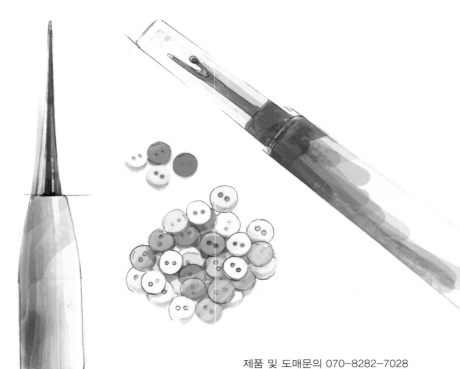

제품 및 도매문의 070-8282-7028

해피베어스

바느질에 필요한 모든 부재료를 디자인부터
유통, 판매까지 총괄하는 브랜드입니다.
행복을 만드는 해피베어스와 함께하세요.
소잉이 즐거워 집니다.

제품 및 도매 문의 070-8282-7028

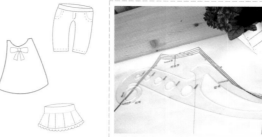

해피베어스 클린S-모드자
투명하고 깨끗한 순수 아크릴재질로써 패턴상의 거의 모든 곡선을
편리하게 작업할 수 있어요.
가격 : 5000원/개

HB)싸개단추기구 풀세트(기구+몰드4종+단추4종)
다양한 원단으로 세상에 하나뿐인 단추를 만들어 보세요.
13mm, 18mm, 25mm, 30mm, 38mm의 여러 사이즈로 만나실 수
있습니다.

〈 구성 〉

기구(1개) + 몰드4종(각 1개) + 단추 4종(각 50쌍)

가격 : 120,000원/Set

HB)가정용 니트용 머신바늘 14호
가격 : 2,000원/1팩 (5개)

HB)메탈리 도트단추 15mm -그녀의 자전거
가격 : 2,000원/1팩 (5개)

*도트 단추도 패션에 맞게!
남과 색다른 디자인으로
만드세요~*

HB)메탈리 도트단추 15mm -카메라
가격 : 2,000원/1팩 (5개)

HB)메탈리 도트단추 15mm -에펠탑
가격 : 2,000원/1팩 (5개)

HB)가정용 니트용 머신바늘 11호
가격 : 2,000원/1팩 (5개)

HB)가정용 머신바늘 14호(고급형)
가격 : 1,600원/1팩 (10개)

HB)가정용 머신바늘 11호(고급형)
가격 : 1,600원/1팩 (10개)

HB)패브릭 아이론 팁본드
액체 타입 수용성 재질의 고급 직물전용본드!
일반적인 원단에는 물론 비닐, 레자 등의
특수 원단에도 O.K! 다리미와 함께 사용하세요.
사이즈 : 4x10.5cm 용량 : 40g 가격 : 2,000원/1개

패브릭 본드 (임시고정용) 3개세트
수용성 고체 본드풀은 발림성이 좋아
직물에 부드럽게 발라져요.
순간적인 임시 고정용으로 작업의
효율을 높이세요.
용량 : 9gx3개 가격 : 2,400원/Set (3개)

HB)스마트 머신소잉 재단가위
가위의 한쪽 날이 지그재그로 되어 있어 일반 원단은 물론
얇고 잘 미끄러지는 원단을 재단 할 때에 원단이 가위에서
빠지지 않고 가위날이 원단을 잡아 주어 안정적으로
재단이 되어 편리합니다.
사이즈 : 24cm 16,500원/1개
사이즈 : 26cm 가격 : 19,500원/1개

HB)soft스퀘어 가죽라벨 -에펠탑
가격 : 1,600원/1팩 (2개)

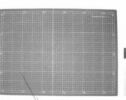

HB)soft써클 가죽라벨 -그녀의 자전거
천연가죽의 느낌을 그대로 살리고,
스킨터치가공을 하여 표면의 촉감이
더욱 부드럽고 깔끔한 활용도 높은
고급 레더라벨입니다.
가격 : 1,600원/1팩 (2개)

HB)해피베어스 컷팅매트(패브릭 재단전용)
HB)해피베어스 컷팅매트는 원단전용 재단칼과 함께 사용하세요.
재단을 부드럽고 안전하게 도와주며, 재단판의 눈금은 치수 확인이
편리합니다.

사이즈 : 60x45cm 가격 : 22,000원/1개

HB)탄력시접고정용 클립
움직이는 원단을 자국 없이 고정해
줍니다. 특히 얇은 원단에 사용하면
좋습니다.
가격 : 1,500원/1팩 (20개)

HB)소잉테이프 (접착테이프심지)
식서 테이프 심지와 바이어스 테이프
심지가 하나되어 편리해졌습니다.
가격 : 2,000원/1팩 (4.5m)

HB지퍼전용 접착테이프 심지
지퍼 전용의 접착 테이프로 일반 다테 심지보다 넓고
짱짱해서 지퍼 시접 부분이나 여밈단 부분등에
견고하게 사용하기 좋습니다.

가격 : 2,400원/1팩 (18m)

HB)해피 소잉웨이트(문진)
마름질할 때, 패턴작업할 때 원단을
무겁고 안정감 있게 눌러주어 작업을
편리하게 해줍니다.
약 500g 가격 : 5000원/개

HB)아이론 시접자
직선, 곡선, 각진 부분, 주머니 부분, 모서리 부분 등의
다양한 시접 부분을 정확한 치수 체크와 함께 다리미로
한번에 만들 수 있어요. 이제 쉽고 빠르게 시접 처리하세요.

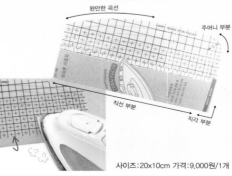

완만한 곡선
주머니 부분
직선 부분
직각 부분

사이즈 : 20x10cm 가격 : 9,000원/1개

HB)모눈 롤 부직포 패턴지 22마

〈실물 사이즈〉

패턴을 그릴 때 정확한 치수 및 원단 소요량을
예측할 수 있어 편리합니다.
사이즈 : 51cmx22yd 가격 : 12,000원/1롤

ORIGINAL HANDMADE

바느질 한땀 한땀의 숨결이 묻어 있는 핸드메이드
프리미엄 내추럴 리넨 쇼핑몰

 1644-5744   이제 스마트폰으로 만나세요 !

사치코 이와부치 컬렉션

제조사 : Daijo (Japan)　　폭 : 110cm　　성분 : Cotton 50% / Linen 50%　

Soild

오이스터

밀크

크림아이보리

COLIN

그레이

그린

로즈

민트

SOPHIE

핑크

그레이

로즈

민트

KAREN

민트X와인

밀크X블랙

키나리X그레이

키나리X민트

옐로우X퍼플

펄핑크X에메랄드

MARIE

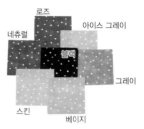
로즈

네츄럴

아이스 그레이

블랙

그레이

스킨

베이지

La fleur 컬렉션

달콤한 설레임

제조사 : KOHAS　　성분 : Cotton 55% / Linen 45%

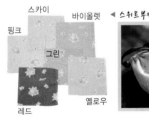
스카이

핑크

바이올렛

그린

레드

옐로우

◀ 스위트부케 폭 : 142cm

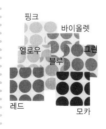
핑크

엘로우

바이올렛

그린

블루

레드

모카

◀ 텀거벌바블 폭 : 142cm

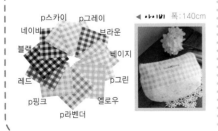
p스카이

p그레이

네이비

브라운

블랙

베이지

레드

p그린

p핑크

옐로우

p라벤더

◀ 아이비 폭 : 140cm

핑크

오렌지

에메랄드그린

바이올렛

블루

◀ 칸타타 폭 : 140cm

---

linen cafe.

제조사 : KIYOHARA (Japan)　　폭 : 110cm　　성분 : Cotton 55% / Linen 45%

레드X밀크

브라운X스카이

밀크X밀크

스카이X밀크

밀크X스카이

핑크X밀크

바이올렛X밀크

그린X밀크

사치코 이와부치 컬렉션, La fleur 컬렉션, linen cafe. 는 심플소잉(www.simplesewing.co.kr) 및 전국 심플소잉NCC 대리점에서 구입하실 수 있습니다.

심플소잉&NCC Shop Guide

가까운 심플소잉&NCC 매장에서 핸드메이드를 시작하세요.

Shop 01 순천 장천점

남자 강사님께 배우는 소잉

순천 시내에 위치한 장천점은 심플소잉&NCC 대리점 중 유일하게 남자 작가님이 계시는 곳이다. 의상을 전공하고 현직에서 오랜 경험을 쌓으신 작가님이 만드신 소품부터 퀼트작품까지 다양하고 수많은 작품이 샵에 들어서면 곳곳에 자리하고 있다. 꼼꼼하고 정확하시기로 유명하신 전준희 작가님에게 배우는 소잉은 처음 소잉을 접하는 사람들에게도 쉽게 다가온다. 패턴 제작, 의상, 소품 교육에 이르기까지 바느질의 모든 비법을 한 곳에서 배울 수 있는 그런 비밀의 화원같은 곳에서 핸드메이드의 세계에 빠져보자.

♣ **오픈시간**
월~금 : 10:00~18:00 / 토 : 10:00~17:00
(일요일 및 국경일 휴무)

♣ **주소**
전남 순천시 장천동 56-13번지 1층

♣ **전화번호**
061-900-9965 / 061-905-2866

♣ **약도**

Shop 02 화성 동탄점

햇살이 한가득 담긴 소잉공간

창문이 가득있는 샵 안으로 가득 들어온 햇살속에서, 비가 오면 창문가에서 비내리는 풍경을 바라보며 바느질을 배울 수 있는 화성 신도시의 동탄점. 혼자만의 공간이 아닌 바느질을 좋아하는 모든 분들과 함께 이 공간을 만들어가고 싶다고 말하는 한혜정 작가님의 아가자기하고 하나하나 정성이 가득 담긴 작품들이 샵을 가득 채우고 있다. 바느질은 즐겁고 행복한 것이라고 말하시는 작가님의 마음이 녹아있는 아름다운 공간으로, 바느질을 천천히 배우고 익힐 수 있는 행복이 가득한 그런 곳이다.

♣ **오픈시간**
월~금 : 09:30~17:30 / 토 : 09:30~13:00
(일요일 및 국경일 휴무)

♣ **주소**
경기도 화성시 반송동 25-6번지 1층

♣ **전화번호**
070-4190-3830

♣ **약도**

Shop 03 전주 중화산점

전주시의 특별한 곳

역사가 깊은 전주시의 효자동 거리에 위치한 전주
중화산점. 나무 패널위에 흰색의 네모난 박스의
간판이 한 눈에 들어오는 곳. 문을 열고 들어가면
벽을 가득 채운 원·부재료와 옷걸이에 걸린 작품
들이 가득하다. 그리고 하얀 책상위로는 바느질할
친구를 기다리는 머신들이 나를 반기는 것 같다.
전주분이시라면, 가구의 거리 효자동을 아신다면
놀러가 보시라고 그리고 바느질하는 친구가 되어
보시라고 권한다.

♣ **오픈시간**
 월, 화, 수, 금, 토 : 10:00 ~ 18:00
 (목요일, 일요일 및 국경일 휴무)

♣ **주소**
 전북 전주시 완산구 효자동 1가 635번지 1층
 (중화산동 가구거리 라자가구 맞은편)

♣ **전화번호**
 063-229-3414 / 010-4880-3427

♣ **약도**

Shop 04 천안 두정점

따뜻한 감성이 넘치는 그 곳

가족을 사랑하고 자기 자신을 사랑하고, 우리의
보금자리에 무엇인가를 채우는 기쁨. 그 기쁨을
넘치는 사랑을 담아 바느질로 표현하는 곳인 김남희
작가의 따뜻한 감성이 넘치는 천안 두정점이다. 나와
같은 생각을 가진 사람들과 차도 마시며, 멋진
작품을 만들 수 있는 차분하고 마음이 편해지는 그런
공간이다. 김남희 작가님은 말한다. "위대한 사랑의
마음을 직접 표현해보세요, 같이 해 보실래요?"

♣ **오픈시간**
 월~토 : 09:30~17:00 / 화, 금 : 09:30~21:00
 (일요일 및 국경일 휴무)

♣ **주소**
 충남 천안시 서북구 두정동 793번지 대현빌딩 1층

♣ **전화번호**
 070-4190-3830

♣ **약도**

New Premium Machine
뉴 프리미엄 스타일 머신
www.ncckorea.co.kr
1644-5662

내가 원하는 모든 스타일의 소잉재료 패션스타트에서 찾자!

소잉재료란?
작품을 만들때 필요한 원단, 실, 가위 등 바느질을 하면서 필요한
모든 재료를 말합니다.

나의 작품으로 키워가는 소중한 내 가족의 사랑과 행복 !
[고객 행복파트너]를 지향하는 패션스타트가
고객님의 곁에서 언제나 함께합니다.

패션스타트는 원단, 부재료, 패턴, 서적,그리고 소잉머신(재봉틀) 등
10,000여종의 다양하고 퀄리티 높은 상품과 수준 높은 서비스로
처음 시작하는 초보자부터 높은 고급 수준의 고객님까지
DIY를 사랑하는 모든 분들과 함께합니다.

원단 : 국내/수입/오가닉   부자재 :국내/수입   패턴&서적 : 독점제작/수입

전문가와 함께하는 대한민국 대표 패션 DIY 쇼핑몰 패션스타트 !

패션스타트에는
소잉 전문가들이 있다!

대한민국 대표 패션 DIY 쇼핑몰
Fashion start

패 션 스 타 트 ▼ 를 쳐보세요!

www.fashionstart.net 고객센터 1644-8957

■ 참고 사이즈와 사이즈 재는 방법

〈아동복 참고 사이즈표〉

사 이 즈		신장 (cm)	가슴둘레 (cm)	허리둘레 (cm)	엉덩이둘레 (cm)	등길이 (cm)	소매길이 (cm)	밑위길이 (cm)	밑아래길이 (cm)	머리둘레 (cm)	체중 (kg)	기준
60cm 사이즈		60	42	40	41	18	18	13	17	41	6	3 개월 전후
70cm 사이즈		70	46	42	45	19	21	14	22	45	9	6〜12 개월
80cm 사이즈		80	49	46	47	21	25	15	27	48	11	12〜18 개월
90cm 사이즈		90	51	48	52	23	28	16	32	50	13	2〜3 세
100cm 사이즈		95〜105	54	51	58	25	31	17	38	52	16	3〜4 세
110cm 사이즈		105〜115	56	53	61	27	35	18	43	54	20	5〜6 세
120cm 사이즈	남	115〜125	64	57	62	30	38	18	49	55	26	7〜8 세
	여		62	55	63	29		19	49		25	

〈사이즈 재는 방법〉

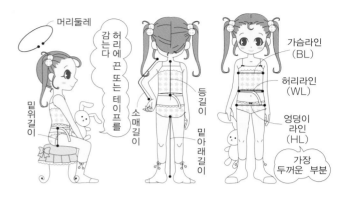

머리둘레
감는다 허리에 끈 또는 테이프를
밑위길이
소매길이
등길이
밑아래길이
가슴라인 (BL)
허리라인 (WL)
엉덩이라인 (HL)
가장 두꺼운 부분

〈여성복 참고 사이즈표〉

사 이 즈	가슴둘레 (cm)	허리둘레 (cm)	엉덩이둘레 (cm)	등길이 (cm)	소매길이 (cm)	밑위길이 (cm)	밑아래길이 (cm)	머리둘레 (cm)
S	79	62	84	37	52	25	68	55
M	84	66	90	38	53	26	70	56
L	88	69	95	39	54	26.5	72	57

〈남성복 참고 사이즈표〉

사 이 즈	가슴둘레 (cm)	허리둘레 (cm)	엉덩이둘레 (cm)	등길이 (cm)	어깨폭 (cm)	소매길이 (cm)	밑위길이 (cm)	밑아래길이 (cm)
남성 M	92	80	92	47	43	57	24	71
남성 L	96	84	97	50	45	60	26	76

옷을 만들거나 패턴을 선택할 때, 나이나 신장보다 바지는 엉덩이와 허리치수를, 블라우스는 가슴치수에 맞춰 가장 근접한 사이즈를 선택하세요.

■ 제도기호

본 책의 제도페이지에 등장하는 제도기호입니다.

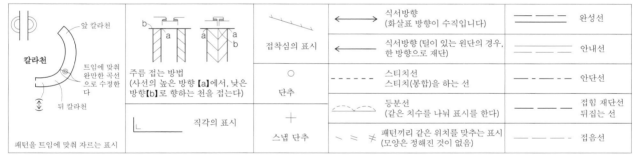

칼라천	앞 칼라천 트임에 맞춰 완만한 곡선으로 수정한다 뒤 칼라천 패턴을 트임에 맞춰 자르는 표시	주름 접는 방법 (사선의 높은 방향【a】에서, 낮은 방향【b】로 향하는 천을 접는다)	식서방향 (화살표 방향이 수직입니다)	완성선		
		○ 단추	식서방향 (털이 있는 원단의 경우, 한 방향으로 재단)	안내선		
			스티치선 스티치(봉합)을 하는 선	안단선		
		┗ 직각의 표시	등분선 (같은 치수를 나눠 표시를 한다)	안단선		
		✛ 스냅 단추	패턴끼리 같은 위치를 맞추는 표시 (모양은 정해진 것이 없음)	접힘 재단선 뒤집는 선 접음선		

제도 페이지 치수 단위는 모두 cm(센티미터)입니다.

옷의 부위별 명칭

■ 스커트

허리선
옆선
밑단선

■ 바지

허리선
주머니 입구
밑위선
옆선
밑아래선
밑단선

■ 상의·원피스

어깨선
옷깃둘레선
소매둘레선
몸판
소맷부리선
옆선
밑단선

4 패턴을 자른다.

③완성선을 접습니다.

①패턴을 종이가위로 바깥쪽 선을 따라 자릅니다.

5 천에 다림질을 한다.

옷감 결의 비틀림이 클 경우는 옷감의 결을 비스듬히 당기면서 다림질로 정리합니다.

②교차하는 부분을 넉넉히 남기고 종이를 자릅니다.

④접은 상태로 시접선을 따라 자릅니다.

⑤교차하는 부분이 사진과 같은 시접의 형태가 됩니다.

6 천을 자른다.

시침핀

식서방향

(겉)

가장자리

패턴의 식서선

①천의 재단방법을 참고해 원단 위에 자른 패턴을 올려놓고 시침 핀으로 고정합니다. 이 때, 패턴의 식서선과 원단의 수직방향을 맞춥니다.

7 접착심을 붙인다.

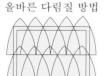

올바른 다림질 방법

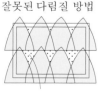

잘못된 다림질 방법

접착이 안된 부분

안쪽은 종이

접착심

접착심의 접착면(꺼끌꺼끌한 면)을 원단의 안쪽에 맞추고 스팀다리미로 붙입니다.

②원단용 가위로 패턴의 시접선을 따라 원단을 자릅니다.

8 표시를 한다.

소프트 룰렛

두꺼운 종이

페이퍼 양면초크

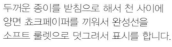

두꺼운 종이를 받침으로 해서 천 사이에 양면 쵸크페이퍼를 끼워서 완성선을 소프트 룰렛으로 덧그려서 표시를 합니다.

쵸크페이퍼로 표시되지 않는 원단(털이 있는 소재·얇은 소재)은 1장씩 시접없이 패턴을 놓고 시침질이나 손바느질로 실표뜨기를 하고, 그 후에 시접을 그려 원단을 재단합니다.

시침질이 끝난 상태

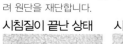

시침질

시침질

(겉)

상태 표시한 것이 끝난

1 만들고 싶은 작품을 결정한다.

천의 재단방법

작품번호

실물크기 패턴의 면

①만들고 싶은 작품이 결정되면 만드는 방법 페이지를 폅니다. 패턴이 A, B, C, D의 어느 면에 있는지 확인합니다.

패턴의 면

작품번호

선의 종류·수량

②패턴지에서 ①에서 확인한 면을 폅니다 실물크기 패턴의 표에서 본 책의 작품번호와 같은 번호로 되어 있는 사용패턴 번호의 선·색·패턴의 장수를 체크합니다.

패턴기호

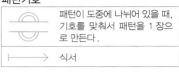

패턴이 도중에 나뉘어 있을 때, 기호를 맞춰서 패턴을 1장으로 만든다.

식서

작품·패턴번호

③바깥선에 있는 표시를 보고 필요한 부분을 찾습니다.

2 패턴을 베껴 그린다.

※ 안감 등 몸판의 패턴 중에 함께 그릴 수 있는 경우는 몸판과 별개로 부분을 따로 베껴냅니다.
※ 필요한 사이즈의 선, 맞춤점, 다는 위치, 식서를 베끼고 명칭도 잊지 말고 기입합니다.
※ 1 장씩 원단을 자를 경우는 접힘이라고 쓰여있는 부위는 펴서 베껴냅니다.

불투명 종이에 베끼는 경우

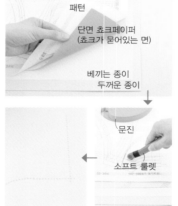

패턴

단면 쵸크페이퍼 (쵸크가 묻어있는 면)

베끼는 종이 두꺼운 종이

문진

소프트 룰렛

책상이 긁히지 않게 제일 아래에 두꺼운 종이를 대고 베끼는 종이 위에 패턴을 놓고 쵸크페이퍼를 사이에 끼워서 소프트 룰렛으로 패턴의 선을 덧그려 베낍니다.

투명 종이에 베끼는 경우

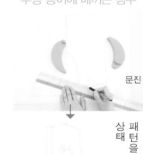

문진

상태 패턴을 베끼고 끝난

얇은 종이를 베끼고 싶은 패턴 위에 겹치고 종이가 비뚤어지지 않도록 문진으로 고정하고 직선은 방안자. 곡선은 커브자를 사용하여 샤프로 베낍니다.

3 시접분을 그린다.

시접을 그린 후 상태

베낀 패턴에 시접을 그린다.

※ 각 부위의 시접은 「천의 재단방법」을 참고해서 붙여주세요.
※ 시침질 할 경우는 여기서 시접을 붙이지 않습니다.

기본 소잉용품

상품 협찬 = 해피베어스

시침실
머신으로 봉합하기 전, 손
바느질로 가볍게 봉합하는
코튼실. 한 올로 사용.

고무줄&실끼우개
넓은 폭(15mm 이상)의
고무밴드를 끼워
부드럽게 통과시킵니다.

펜쵸크
간단한 펜 타입으로 휴대가
편리하고 쉽게 사용할 수
있습니다.

소매전용 다리미판(봉우마)
암홀이나 입체적인 곳을
다림질할 때 사용하는
아이론 매트의 일종

스팀다리미
재단된 원단을 봉합하기 전
준비할 때나, 봉합 후
선을 다듬을 때 사용

가정용 컴퓨터 머신
(NCC 머신- 캔디)
보기 쉽고 사용하기 편리한 터치
패널로, 누구라도 간단하게 사용
할 수 있는 머신입니다.

재단가위
원단을 자를 때 사용

패턴가위
패턴을 자를 때 사용

단면 쵸크페이퍼
원단이나 패턴을
베낄 때 사용. 베껴둔
선이 물로 지워지는
쵸크페이퍼

양면 쵸크페이퍼
원단에 표시할 때
사용. 베낀 선이
물로 지워지는
쵸크페이퍼

곡선자
소매둘레 · 칼라둘레선 등의
곡선을 그을 때 사용

그레이딩자
방안선이 그려져 있으므로
사이즈가 적힌 직선이나 시접을
그릴 때 편리한 자

쪽가위
실을 자르거나 가위집을
넣을 때 사용

손바늘(원터치)
원터치로 실을 끼울 수 있는
손바늘 세트

시침핀
패턴을 원단에 고정시키
거나 원단끼리 고정시킬
때 사용하는 핀

송곳
모서리를 정리하고 봉합 시
원단을 밀어주거나, 실을
뜯을 때 사용

실뜯게(리퍼)
잘못 봉합한 솔기를 뜯거나.
단추구멍을 벌릴 때 사용

소프트 룰렛
원단에 쵸크페이퍼로
표시를 할 때 사용

완성 사이즈 표시에 대하여

이 책에 게재되어 있는 작품(옷)의 완성 사이즈는 아래 그림의 사이즈 재는 방법에 따른 표시입니다.

소매길이 · · · 어깨 끝부터 소맷부리까지의 길이.
스커트길이 · · · 허리부터 밑단까지의 길이.
팬츠길이 · · · 허리부터 밑단까지의 길이.

원피스 · 셔츠길이 · · · 칼라둘레와 어깨선의 맞춤점부터 뒷 밑단까지의 길이.
※ 캐미솔 원피스의 경우에는 뒤 칼라둘레부터 뒷 밑단까지의 길이.

가슴둘레 · · · 소매둘레 아래의 앞과 뒤 둘레를 한바퀴 잰 길이.

■ 팬츠
팬츠길이

■ 스커트
스커트길이

■ 래글런 슬리브
뒤
소매길이
가슴둘레
총길이

■ 원피스 · 셔츠
뒤
소매길이
가슴둘레
총길이

T단추 다는 방법

T단추, T단추용 기구 제공 = 해피베어스

준비물

겉쪽

⑤같은 방법으
로 凸의 부분
도 달아줍니다.

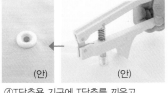
④T단추용 기구에 T단추를 끼우고
뽀족한 부분을 찌그려뜨려 줍니다.
(안)

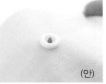
③凹의 부분을 포개어 겹
쳐줍니다.
(겉)

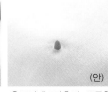
②구멍에 T단추의 뽀족한
부분을 끼워 넣어줍니다.
(안)

①T단추를 달고 싶은 위치
에 송곳으로 작게 구멍을
뚫어줍니다.
(겉)

T단추
凸1쌍

T단추
凹1쌍

송곳

T단추용 기구

매듭고정
다 봉합한 후에도 실이 뽑히지 않도록 모두 봉합한 후 실 끝을 매듭지어 놓는 것이 매듭고정입니다.

2 실을 감은 부분을 엄지로 누릅니다.

1 모두 봉합한 후 바늘땀에 바늘을 놓고 실을 2~3번 감습니다.

4 실을 자르고 완성

3 엄지로 누른 상태에서 바늘을 잡아 당겨 뺍니다.

단추구멍의 크기 결정 방법

꽃무늬 단추

크기
두께

단추크기 + 두께

버섯모양 단추

지름
두께

단추지름 + 두께의 절반

원형단추

지름
두께

단추지름 + 두께

단추구멍의 위치 결정 방법

세로디자인의 경우는 단추구멍을 세로로 뚫어야 함

0.1
0.2
cm
단추의 실기둥

세로의 경우

당기는 힘에 강함

가로로 단추구멍을 뚫으면

0.1
0.2
cm
단추의 실기둥

가로의 경우

실기둥 만드는 방법
옷에 딱 붙게 달면 원단 두께분이 부족하므로 단추가 걸리지 않도록 실기둥을 답니다.

바늘

매듭고정

2 단추의 아래에 실기둥의 공간을 만들기 위한 바늘을 끼워 2~3번 단추에 실을 통과시킵니다.

1 단추다는 실을 2줄로 해서 매듭묶기를 만들어 밑에서 위로 실을 올려 뺍니다.

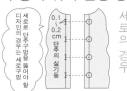

매듭묶기

4 다시 한 번 바늘을 통과시켜 매듭고정을 만들고 실을 자릅니다.

3 실기둥 바늘을 빼고나서 3~4번 실을 감습니다.

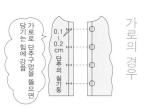

5 완성

스냅 단추다는 방법 凹 凸

3 뺌
4 바늘을 통과하게 한다
1 뺌
2 넣음

2 凸스냅의 한 구멍에 바늘을 통과시킵니다.

매듭묶기

1 손바느질 실을 한줄로 해서 매듭묶기를 만들고 밑에서 위로 실을 올려 뺍니다.

3 실을 당겨가며 한 구멍마다 2~3번 실을 통과시켜 고정합니다.

매듭고정

4 매듭고정을 만들고 실을 마지막 통과한 곳의 반대쪽으로 바늘을 빼면서 매듭고정을 스냅의 아래로 넣고 실을 자릅니다.

매듭고정

6 凸의 스냅과 같은 방법으로 답니다.

5 凹스냅 위치를 결정할 때는 스냅의 정중앙의 뚫린 구멍에 바늘을 넣어 위치를 결정하면 틀어지지 않습니다.

완성

매듭묶기
손바느질을 시작하기 전에 실이 빠지지 않도록 실 끝을 매듭지어 놓는 것이 매듭묶기입니다.

2 실의 교차지점을 누르고 검지를 옮기며 실을 꼽니다.

1 실 끝을 탄탄히 당겨잡고 검지로 실을 한바퀴 감습니다.

4 매듭묶기 완성

3 꼬은 실을 검지와 엄지로 누르고 실을 강하게 꼬면서 당깁니다.

촘촘한 바느질
바늘 끝만을 움직여 좀 더 촘촘히 봉합하는 방법입니다. 주머니의 곡선부분이나 주름을 잡을 때 등 긴 쪽의 천을 짧은 쪽의 길이에 맞추기 위해 줄일 때 사용하는 방법입니다.

보통 바느질
손바느질의 기본이 되는 바느질입니다. 본 책에서 「시침질」이라고 표기하고 있는 곳은 이 바느질 방법을 사용합니다.

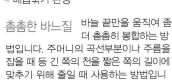

0.15 ~ 0.2cm

0.15 ~ 0.2cm

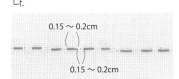

0.2 ~ 0.3cm

0.2 ~ 0.3cm

일반 공그르기
일반적인 공그르기 방법으로 본 책에서 공그르기라고 써 있는 곳에 이 방법을 사용합니다. 바늘 땀이 비스듬히 흐릅니다.

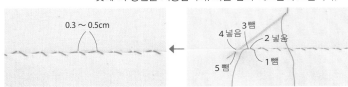

0.3 ~ 0.5cm

3 뺌
4 넣음
2 넣음
5 뺌
1 뺌

수직 공그르기
바늘 땀이 천에 대해서 직각이 되게 하는 공그르기입니다.

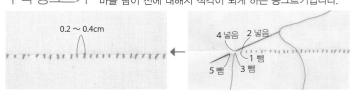

0.2 ~ 0.4cm

4 넣음
2 넣음
1 넣음
5 뺌
3 뺌

밑단 공그르기
자켓 등의 밑단을 올릴 때 사용합니다. 시접의 끝을 공그르는 방법입니다.

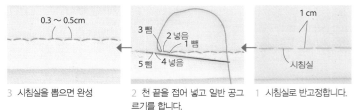

0.3 ~ 0.5cm

3 뺌
2 넣음
1 뺌
5 뺌
4 넣음

1 cm

시침실

3 시침실을 뽑으면 완성

2 천 끝을 접어 넣고 일반 공그르기를 합니다.

1 시침실로 반고정합니다.

ㄱ자 바느질
트여있는 시접과 맞출 때 공그르기 방법입니다. 주로 가방에 사용하는 공그르기입니다. ㄱ자를 그리듯 접는 산의 중간에 실을 통과시키며 봉합합니다.

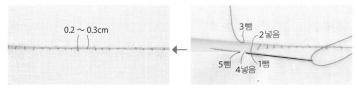

0.2 ~ 0.3cm

3 뺌
2 넣음
5 뺌
4 넣음
1 뺌

수축봉합(소매산을 만든다.)

일반 소매는 몸판의 소매둘레의 길이에 맞춰
수축봉합을 합니다.

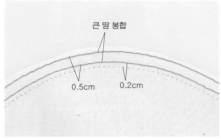

1 소매산에 큰 땀으로 두 줄 봉합합니다.

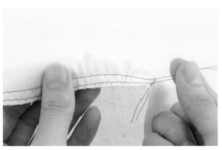

2 실을 당겨 몸판의 소매둘레 길이에 맞게
주름을 주어 줄입니다.

3 소매 다리미판에 소매산을 씌웁니다.

4 시접을 스팀다리미로 누르면서 시접의 주름을
눌러줍니다.

5 소매산에 부푼 모양이 생긴 상태

큰 땀 봉합

바늘 땀수를 가장 크게 해서 봉합합니다.

주름잡는 방법

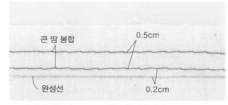

1 시접에 큰 땀으로 두 줄 시침합니다.

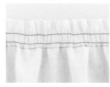

3 주름을 균등하게 잡습
니다.

2 두 줄 함께 밑실을 잡아
당겨 주름을 잡습니다.

두 번 접어 봉합

프릴 등의 원단 끝처리에 사용합니다.

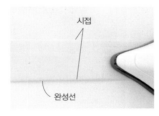

1 다리미로 완성
선을 따라 접
습니다.

2 시접을 펴서
다리미로 시접
을 반 접습니다.

3 1에서 접은
완성선을 다시
한 번 다리미로
접습니다.

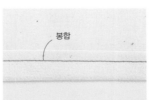

4 봉합합니다.

시침핀으로 고정하는 방법

시침핀은 원단을 봉합하는 방향으로부터 직각으로
시접 쪽을 향해 꽂습니다. 봉합방향과 평행하게 꽂으면
2장의 천이 비틀어지기 쉽고 봉합할 때 방해가 됩니다.

✕ 평행이나 비스듬
히 꽂으면 안됨

◯ 봉합방향 반대로
직각으로

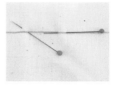

되돌아박기

봉합 시작, 봉합 끝에 실이 풀리는 것을 방지하기 위해
같은 곳을 3~4바늘을 겹쳐 봉합하는 것을 말합니다.

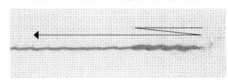

두 번 봉합

풀리기 쉬운 곳의 바늘 땀을 보강하기 위해 한 번 봉합한
봉합선에 겹쳐서 봉합하는 것입니다. 주로 밑아래선
을 봉합할 때 사용합니다.

지그재그봉합 또는 오버록 통솔처리

시접의 재단 끝이 풀리지 않도록 하기 위한 처리입
니다. 오버록과 같은 효과입니다.

모서리 봉합 방법

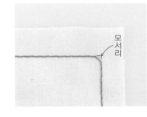

1 모서리를 깨끗
이 뒤집기 위해
1땀 건너서 봉합
을 시작합니다.

2 뒤집어서 깨끗한
모서리가 나오도
록 여분의 시접은
자릅니다.

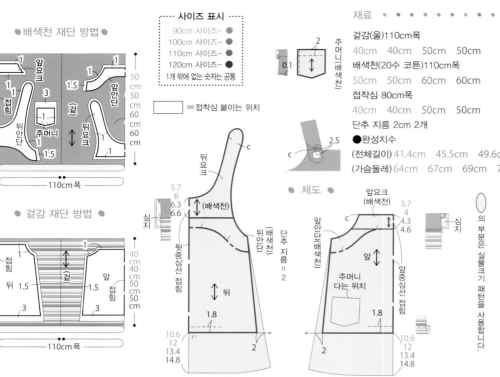

● 배색천 재단 방법 ●

● 사이즈 표시 ●
90cm 사이즈 ─
100cm 사이즈 ─
110cm 사이즈 ─
120cm 사이즈 ─
1개 밖에 없는 숫자는 공통

재료 ● ● ● ● ● ● ● ● ● ● ● ●
겉감(울)110cm폭
40cm　40cm　50cm　50cm
배색천(20수 코튼)110cm폭
50cm　50cm　60cm　60cm
접착심 80cm폭
40cm　40cm　50cm　50cm
단추 지름 2cm 2개
● 완성치수
(전체길이) 41.4cm　45.5cm　49.6cm　54.7cm
(가슴둘레) 64cm　67cm　69cm　77cm

주머니의 실물크기 패턴은 C면
주머니 이외의 실물크기 패턴은 C면 8번을 베끼고 제도를 보며 수정합니다.
※패턴·제도에 시접은 포함되어 있지 않습니다.

= 접착심 붙이는 위치

● 겉감 재단 방법 ●

● 제도 ●

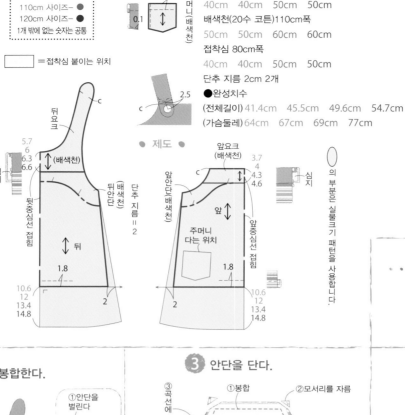

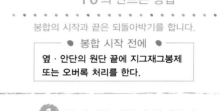

10 의 만드는 방법
· · · · · · · · · · · · · · · · · ·
봉합의 시작과 끝은 되돌아박기를 합니다.
● 봉합 시작 전에 ●
옆·안단의 원단 끝에 지그재그봉제 또는 오버록 처리를 한다.

---

4 옆선을 봉합한다.

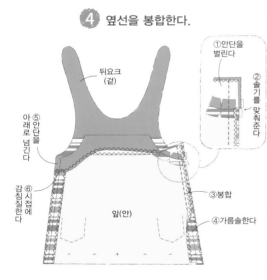

5 밑단을 봉합하고, 단추를 단다.

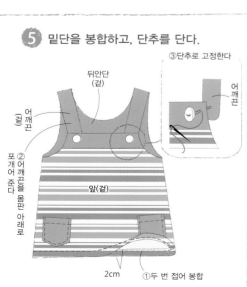

3 안단을 단다.

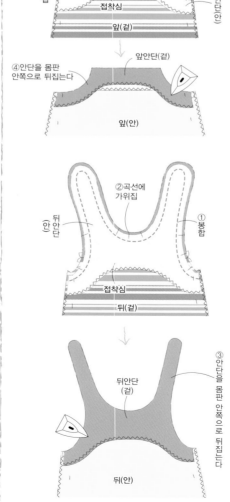

1 주머니를 만들어 달아준다.

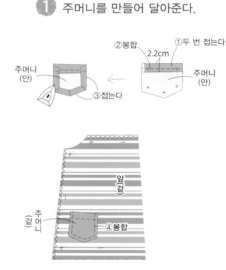

2 요크를 단다.

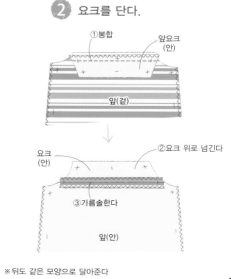

※뒤도 같은 모양으로 달아준다

의 부분은 실물크기 패턴을 사용합니다.

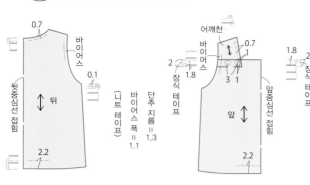

재료 ● ● ● ● ● ● ● ●

겉감(스트라이프 니트 · No.13)140cm폭
겉감(리버시블 자카드 니트 · No.15)150cm폭
50cm　50cm　50cm　60cm
2cm폭의 장식 테이프
45cm　45cm　50cm　50cm
단추 지름 1.3cm 4개
1.1cm폭의 니트 테이프
65cm　70cm　75cm　80cm
●완성치수
(전체길이)36.8cm　39.8cm　42.8cm　45.8cm
(가슴둘레)65cm　68cm　70cm　78cm

실물크기 패턴은 **B**면
※패턴·제도에 시접은 포함되어 있지 않습니다.

15

13

● 겉감 재단 방법 ●

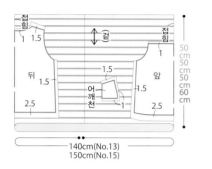

◀ 사이즈 표시 ▶
90cm 사이즈 ─ ●
100cm 사이즈 ─ ●
110cm 사이즈 ─ ●
120cm 사이즈 ─ ●
1개 밖에 없는 숫자는 공통

140cm(No.13)
150cm(No.15)

⑤ 소매둘레를 봉합한다.

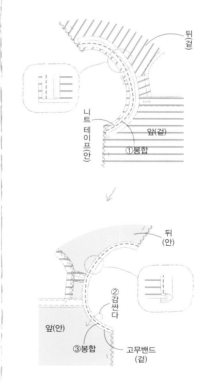

13·15의 만드는 방법

봉합의 시작과 끝은 되돌아박기를 합니다.

● 봉합 시작 전에 ●
옆·어깨·옷깃둘레의 원단 끝에
지그재그봉제 또는 오버록 처리를 한다.

⑥ 옆선을 봉합한다.

③감침질한다

③감침질한다

옆선

앞겉
뒤(안)
②가름솔한다
①봉합

① 어깨선을 봉합한다.(20페이지 참조)

② 옷깃둘레를 봉합한다.

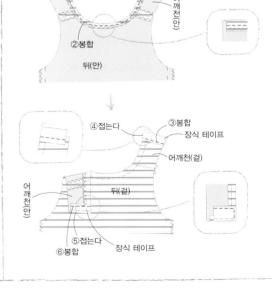

⑦ 밑단을 봉합한다.(20페이지 참조)

⑧ 단추를 단다.(20페이지 참조)

③ 앞몸판에 장식 테이프를 단다.(20페이지 참조)

④ 앞몸판에 어깨천을 포갠다.(20페이지 참조)

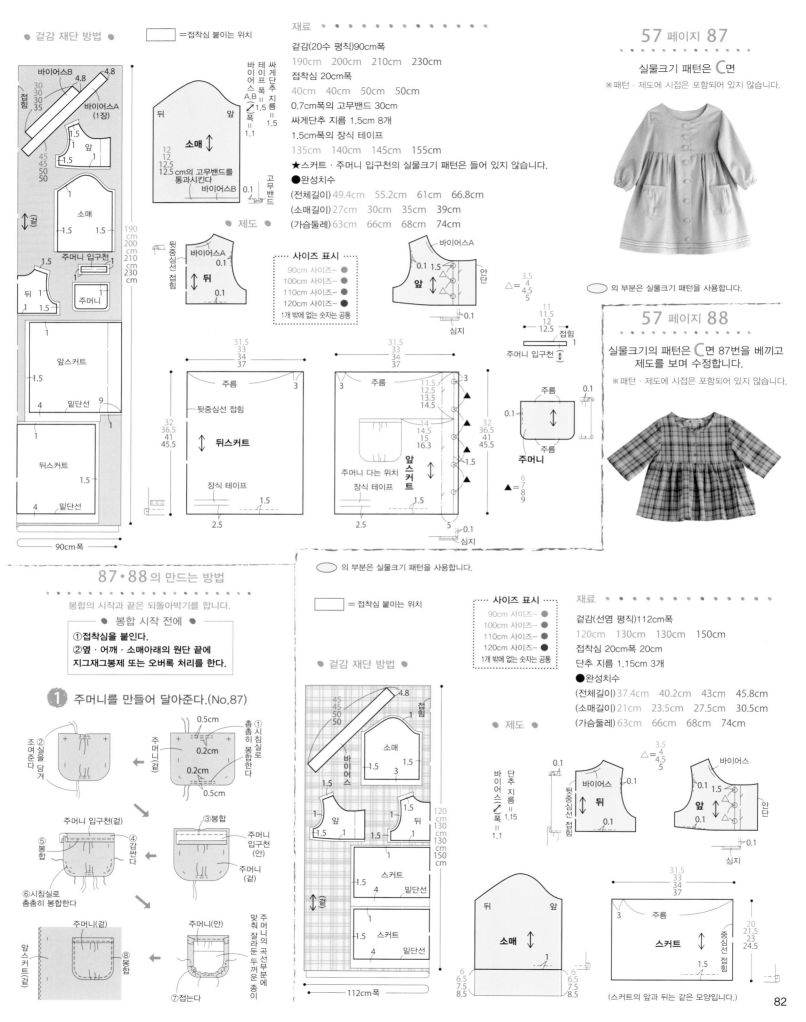

겉감 재단 방법

□ =접착심 붙이는 위치

바이어스B 4.8 4.8
바이어스A (1장)
접힘
30 30 30 35
45 45 50 50
1.5 1.5
앞 1.5
소매
1.5 1.5
걸
주머니 입구천 1
190cm 200cm 210cm 230cm
뒤 1 1.5
주머니 입구천 1
주머니
앞스커트
1.5
4 밑단선 9
뒤스커트
1 1.5
4 밑단선
90cm폭

재료

겉감(20수 평직)90cm폭
190cm 200cm 210cm 230cm
접착심 20cm폭
40cm 40cm 50cm 50cm
0.7cm폭의 고무밴드 30cm
싸게단추 지름 1.5cm 8개
1.5cm의 장식 테이프
135cm 140cm 145cm 155cm
★스커트·주머니 입구천의 실물크기 패턴은 들어 있지 않습니다.
●완성치수
(전체길이) 49.4cm 55.2cm 61cm 66.8cm
(소매길이) 27cm 30cm 35cm 39cm
(가슴둘레) 63cm 66cm 68cm 74cm

바이어스테이프 싸게단추 지름
바이어스A.B ∥ 폭 = 1.5
바이어스B ∥ 폭 = 1.1
12.5cm의 고무밴드를 통과시킨다
고무밴드 0.1

소매
뒤 앞
고무밴드

제도

바이어스A 0.1
뒤 0.1 0.1
뒷중심선 접힘

사이즈 표시
90cm 사이즈─ ●
100cm 사이즈─ ●
110cm 사이즈─ ●
120cm 사이즈─ ●
1개 밖에 없는 숫자는 공통

바이어스A
앞 안단
0.1 1.5
△= 3.5 / 4 / 4.5 / 5
0.1
심지

주머니 입구천 11 11.5 12 12.5 접힘
0.1

주머니
주름
0.1 0.1
주름

31.5 33 34 37
3 주름
뒷중심선 접힘
뒤스커트
32 36.5 41 45.5
장식 테이프
1.5
2.5

31.5 33 34 37
3 주름
11.5 12.5 13.5 14.5
14 14.5 15 16.3
주머니 다는 위치
앞스커트
장식 테이프
1.5
2.5
5 0.1 심지
▲= 6 / 7 / 8 / 9
1.5
32 36.5 41 45.5

의 부분은 실물크기 패턴을 사용합니다.

실물크기의 패턴은 C면 87번을 베끼고 제도를 보며 수정합니다.
※패턴·제도에 시접은 포함되어 있지 않습니다.

의 부분은 실물크기 패턴을 사용합니다.

87·88의 만드는 방법

봉합의 시작과 끝은 되돌아박기를 합니다.

●봉합 시작 전에●
①접착심을 붙인다.
②옆·어깨·소매아래의 원단 끝에 지그재그봉제 또는 오버록 처리를 한다.

① 주머니를 만들어 달아준다.(No.87)

②조여준다
①실을 당겨
0.5cm 0.5cm
①시침실로 촘촘히 봉합한다
주머니(겉)
0.2cm
0.2cm
0.5cm
③봉합

④감싼다
⑤봉합
주머니 입구천(겉)
주머니 입구천(안)
주머니(겉)
⑥시침실로 촘촘히 봉합한다

주머니(겉)
주머니(안)
⑦접는다
맞춰 잘라둔 두꺼운 종이 주머니의 곡선부분에 두꺼운 종이
⑧봉합
앞스커트(겉)

겉감 재단 방법

□ = 접착심 붙이는 위치

45 45 50 50
4.8
접힘
소매
1.5 3
바이어스
1.5
앞 1.5 뒤 1
1.5 1
120cm 130cm 130cm 150cm
스커트
1.5 4 밑단선
걸
스커트
1.5 4 밑단선
112cm폭

사이즈 표시
90cm 사이즈─ ●
100cm 사이즈─ ●
110cm 사이즈─ ●
120cm 사이즈─ ●
1개 밖에 없는 숫자는 공통

재료
겉감(선염 평직)112cm폭
120cm 130cm 130cm 150cm
접착심 20cm폭 20cm
단추 지름 1.15cm 3개
●완성치수
(전체길이) 37.4cm 40.2cm 43cm 45.8cm
(소매길이) 21cm 23.5cm 27.5cm 30.5cm
(가슴둘레) 63cm 66cm 68cm 74cm

제도

단추 지름 = 1.15
바이어스 ∥ 폭 = 1.1
△= 3.5 / 4 / 4.5 / 5
0.1
뒤 바이어스 0.1
뒷중심선 접힘
0.1
바이어스
앞 안단
0.1 1.5
0.1
심지

뒤 앞
소매
6 6.5 7.5 8.5
6 6.5 7.5 8.5

31.5 33 34 37
3 주름
스커트
중심선 접힘
20 21.5 23 24.5
1.5
(스커트의 앞과 뒤는 같은 모양입니다.)

8 허리를 맞춰서 봉합한다.(No.88)

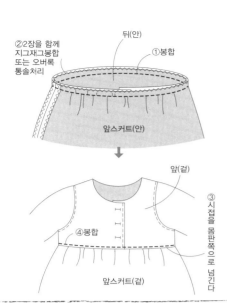

② 2장을 함께 지그재그봉합 또는 오버록 통솔처리
뒤(안)
① 봉합
앞스커트(안)

↓

앞(겉)
③ 시접을 몸판쪽으로 넘긴다
④ 봉합
앞스커트(겉)

9 앞단 · 밑단을 봉합한다.(No.87)

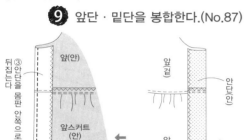

뒤 ③ 안단을 몸판 안쪽으로 접는다
앞(안)
앞스커트(안)
안단(겉)
④ 봉합
⑤ 두 번 접어 봉합
2cm

앞겉
안단(안)
① 접는다
앞스커트(겉)
⑤ 두 번 접어 봉합
② 봉합

10 옷깃둘레를 바이어스한다.

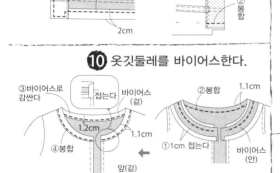

③ 바이어스로 감싼다
바이어스(겉)
접는다
1.2cm
1.1cm
④ 봉합
① 1cm 접는다
앞(겉)

② 봉합
1.1cm
바이어스(안)

11 단추를 단다.

(No.88)
① 단추를 단다
앞(겉)
앞스커트(겉)

(No.87)
① 단추를 단다
② 단추구멍을 만든다
앞스커트(겉)
① 단추를 단다

7 스커트를 만든다.

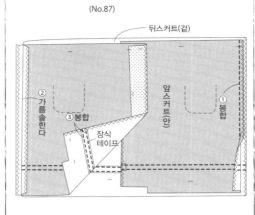

(No.87)
뒤스커트(겉)
② 가름솔한다
③ 봉합
장식 테이프
앞스커트(안)
① 봉합

(No.88)
뒤스커트(겉)
② 가름솔한다
앞스커트(안)
2cm
① 봉합
③ 두 번 접어 봉합

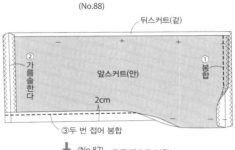

(No.87)
④ 큰 땀으로 봉합
뒤스커트(안)
0.5cm
0.2cm
⑤ 주름을 실을 당겨 잡는다
앞스커트(안)

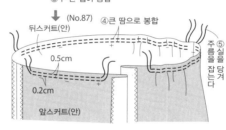

(No.88)
④ 큰 땀으로 봉합
뒤스커트(안)
0.5cm
0.2cm
⑤ 주름을 실을 당겨 잡는다
앞스커트(안)

8 허리를 맞춰서 봉합한다.(No.87)

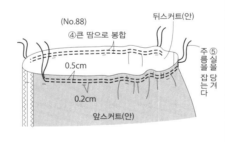

② 2장을 함께 지그재그봉합 또는 오버록 통솔처리
① 봉합
뒤(안)
앞스커트(안)

↓

뒤(안)
앞(겉)
④ 봉합
③ 시접을 몸판쪽으로 넘긴다
앞스커트(겉)

2 앞단을 봉합한다.(No.88)

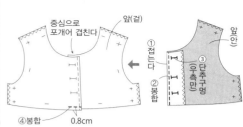

중심으로 포개어 겹친다
앞(겉)
① 접는다
② 봉합
앞(안)
③ 단추구멍 (우측만)
④ 봉합
0.8cm

3 어깨선을 봉합한다.

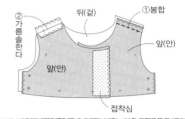

② 가름솔한다
뒤(겉)
① 봉합
앞(안)
앞(안)
접착심

4 바이어스를 단다.(No.87)

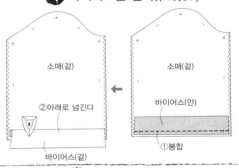

소매(겉)
② 아래로 넘긴다
바이어스(겉)

소매(겉)
바이어스(안)
① 봉합

5 소매를 단다.

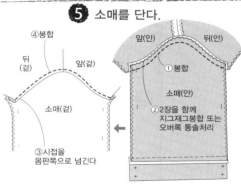

④ 봉합
뒤(겉)
앞(겉)
뒤(안)
① 봉합
소매(안)
② 2장을 함께 지그재그봉합 또는 오버록 통솔처리
③ 시접을 몸판쪽으로 넘긴다
소매(겉)

6 소매아래부터 이어서 옆선을 봉합한다.

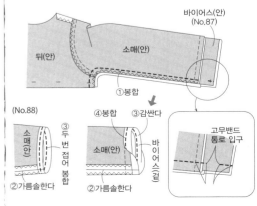

뒤(안)
소매(안)
바이어스(안)(No.87)
① 봉합

(No.88)
소매(안)
④ 봉합
③ 감싼다
소매(안)
바이어스(겉)
고무밴드 통로 입구
② 가름솔한다
③ 두 번 접어 봉합
② 가름솔한다

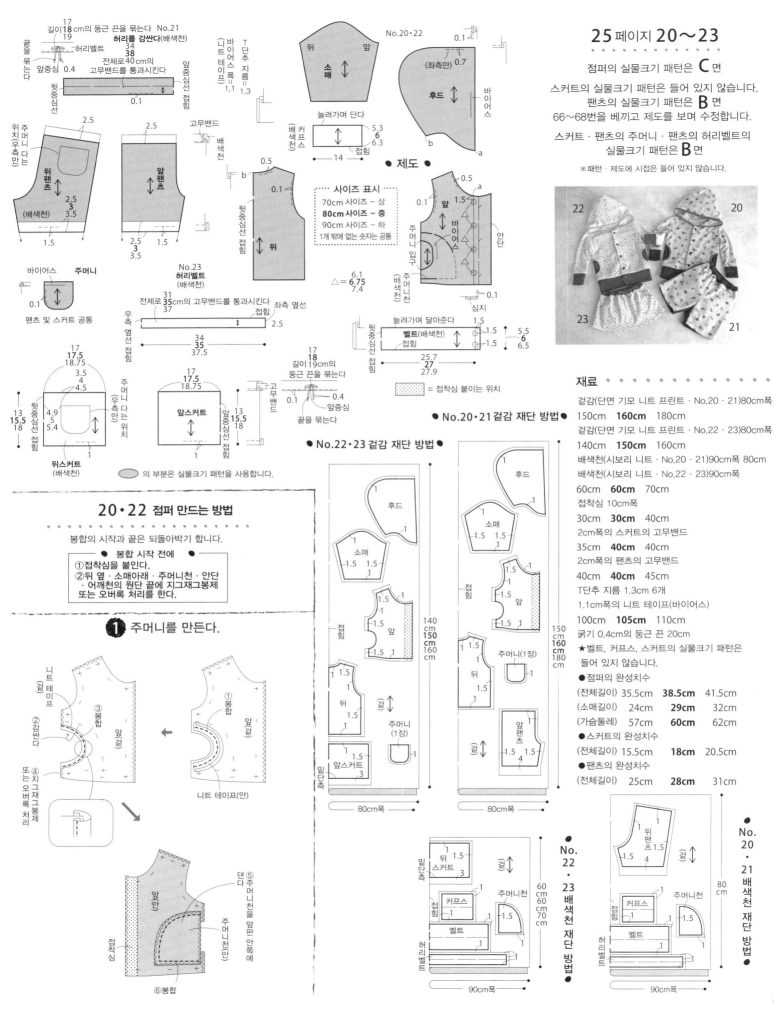

점퍼의 실물크기 패턴은 C면

스커트의 실물크기 패턴은 들어 있지 않습니다.
팬츠의 실물크기 패턴은 B면
66〜68번을 베끼고 제도를 보며 수정합니다.

스커트 · 팬츠의 주머니 · 팬츠의 허리벨트의
실물크기 패턴은 B면

※패턴 · 제도에 시접은 들어 있지 않습니다.

재료

겉감(단면 기모 니트 프린트 · No.20 · 21)80cm폭
150cm **160cm** 180cm

겉감(단면 기모 니트 프린트 · No.22 · 23)80cm폭
140cm **150cm** 160cm

배색천(시보리 니트 · No.20 · 21)90cm폭 80cm

배색천(시보리 니트 · No.22 · 23)90cm폭
60cm **60cm** 70cm

접착심 10cm폭
30cm **30cm** 40cm

2cm폭의 스커트의 고무밴드
35cm **40cm** 40cm

2cm폭의 팬츠의 고무밴드
40cm **40cm** 45cm

T단추 지름 1.3cm 6개

1.1cm폭의 니트 테이프(바이어스)
100cm **105cm** 110cm

굵기 0.4cm의 둥근 끈 20cm

★벨트, 커프스, 스커트의 실물크기 패턴은
들어 있지 않습니다.

● 점퍼의 완성치수
(전체길이) 35.5cm **38.5cm** 41.5cm
(소매길이) 24cm **29cm** 32cm
(가슴둘레) 57cm **60cm** 62cm

● 스커트의 완성치수
(전체길이) 15.5cm **18cm** 20.5cm

● 팬츠의 완성치수
(전체길이) 25cm **28cm** 31cm

20·22 점퍼 만드는 방법

봉합의 시작과 끝 되돌아박기 합니다.

● 봉합 시작 전에
①접착심을 붙인다.
②뒤 옆 · 소매아래 · 주머니천 · 안단 · 어깨천의 원단 끝에 지그재그봉제 또는 오버록 처리를 한다.

❶ 주머니를 만든다.

84

7 벨트를 만들어 단다.

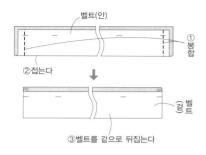

- 벨트(안)
- ①봉합
- ②접는다
- 겉)벨트
- ③벨트를 겉으로 뒤집는다

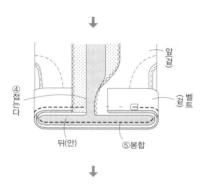

- ④접는다
- 앞(겉)
- 겉)벨트
- 뒤(안)
- ⑤봉합

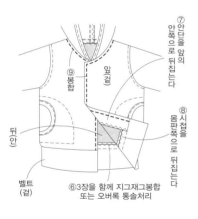

- ⑦안단을 앞의 안쪽으로 뒤집는다
- ⑨봉합
- 앞(겉)
- 뒤(안)
- 벨트(겉)
- ⑧시접을 몸판쪽으로 뒤집는다
- ⑥3장을 함께 지그재그봉합 또는 오버록 통솔처리

8 T단추를 단다.

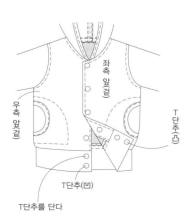

- 좌측 앞(겉)
- 우측 앞(겉)
- T단추(凸)
- T단추(凹)
- T단추를 단다

4 소매를 단다.

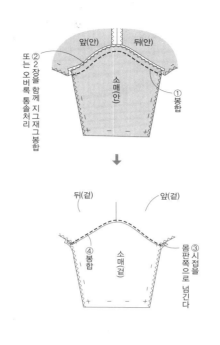

- ②2장을 함께 지그재그봉합 또는 오버록 통솔처리
- 앞(안) 뒤(안)
- 소매(안)
- ①봉합
- 뒤(겉) 앞(겉)
- ④봉합
- 소매(겉)
- ③시접을 몸판쪽으로 넘긴다

5 소매아래선부터 이어서 옆선을 봉합한다.

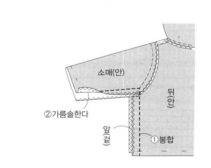

- 소매(안)
- 뒤(안)
- ②가름솔한다
- 앞(겉)
- ①봉합

6 커프스를 만들어 단다.

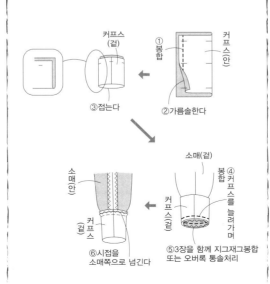

- 커프스(겉)
- ①봉합
- 커프스(안)
- ③접는다
- ②가름솔한다
- 소매(안)
- 소매(겉)
- ④봉합 커프스를 늘려가며
- 커프스(겉)
- 커프스(겉)
- ⑤3장을 함께 지그재그봉합 또는 오버록 통솔처리
- ⑥시접을 소매쪽으로 넘긴다

2 어깨선을 봉합한다.

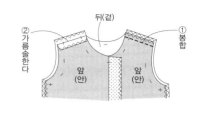

- ②가름솔한다
- 뒤(겉)
- ①봉합
- 앞(안) 앞(안)

3 후드를 만들어 단다.

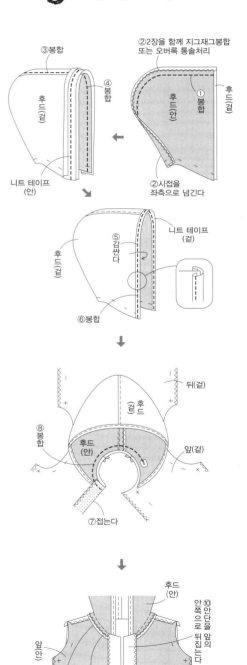

- ③봉합
- ②2장을 함께 지그재그봉합 또는 오버록 통솔처리
- 후드(겉)
- ④봉합
- 후드(안)
- 후드(겉)
- ①봉합
- 니트 테이프(안)
- ②시접을 좌측으로 넘긴다
- 후드(겉)
- ⑤감싼다
- 니트 테이프(겉)
- ⑥봉합
- 뒤(겉)
- 후드(겉)
- ⑧봉합
- 후드(안)
- 앞(겉)
- ⑦접는다
- 후드(안)
- ⑩안단을 앞의 안쪽으로 뒤집는다
- 앞(안)
- ⑨2장을 함께 지그재그봉합 또는 오버록 통솔처리
- ⑪시접을 몸판으로 넘긴다

23 스커트 만드는 방법

봉합의 시작과 끝은 되돌아박기를 합니다.

● 봉합 시작 전에 ●
원단의 옆선 끝에 지그재그봉제
또는 오버록 처리를 한다.

❶ 주머니를 만든다.(팬츠를 참조)

❷ 옆선을 봉합한다.

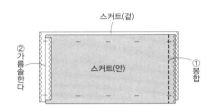

스커트(겉)
스커트(안)
②가름솔한다
①봉합

❸ 밑단을 봉합한다.

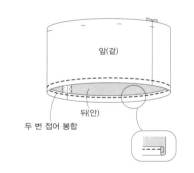

앞(겉)
뒤(안)
두 번 접어 봉합

❹ 허리벨트를 만들어 단다.
(팬츠를 참조)

❺ 고무밴드를 통과시키고, 리본을 단다.

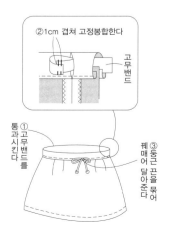

②1cm 겹쳐 고정봉합한다
고무밴드
①통과시킨다 고무밴드를
③둥근 끈을 묶어 꿰매어 달아준다

---

❺ 밑위를 봉합한다.

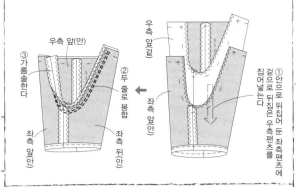

우측 앞(안)
우측 앞(겉)
③가름솔한다
②두 줄로 봉합
좌측 앞(안)
좌측 앞(겉)
좌측 뒤(겉)
①안으로 뒤집어 겉으로 뒤집은 우측 팬츠를 집어넣는다
겉으로 뒤집은 우측 팬츠를 좌측 팬츠에 집어넣는다

❻ 허리벨트를 만들어 단다.

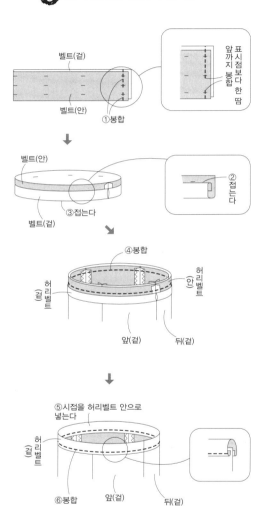

벨트(겉)
벨트(안)
①봉합
앞 표시점보다 한 땀 까지 봉합
벨트(안)
②접는다
③접는다
벨트(겉)
④봉합
허리벨트(겉)
허리벨트(안)
앞(겉)
뒤(겉)
⑤시접을 허리벨트 안으로 넣는다
허리벨트(겉)
⑥봉합
앞(겉)
뒤(겉)

❼ 고무밴드를 통과시키고, 리본을 단다.

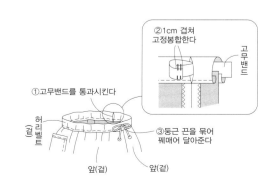

②1cm 겹쳐 고정봉합한다
고무밴드
①고무밴드를 통과시킨다
허리벨트(겉)
③둥근 끈을 묶어 꿰매어 달아준다
앞(겉)

---

21 팬츠 만드는 방법

봉합의 시작과 끝은 되돌아박기를 합니다.

● 봉합 시작 전에 ●
옆 · 밑아래 · 밑위 원단 끝에 지그재그
봉제 또는 오버록 처리를 한다.

❶ 주머니를 만들어 단다.

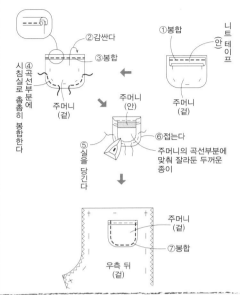

②감싼다
①봉합
니트 테이프(안)
③봉합
④곡선부분은 시침실로 촘촘히 봉합한다
주머니(겉)
주머니(안)
주머니(겉)
⑤실을 당긴다
⑥접는다
주머니의 곡선부분에 맞춰 잘라둔 두꺼운 종이
주머니(겉)
⑦봉합
우측 뒤(겉)

❷ 옆선을 봉합한다.

앞(안)
①봉합
②가름솔한다
뒤(겉)

❸ 밑아래선을 봉합한다.

뒤(안)
앞(겉)
①봉합
②가름솔한다

❹ 밑단을 봉합한다.

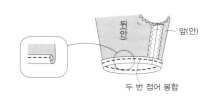

뒤(안)
앞(안)
두 번 접어 봉합

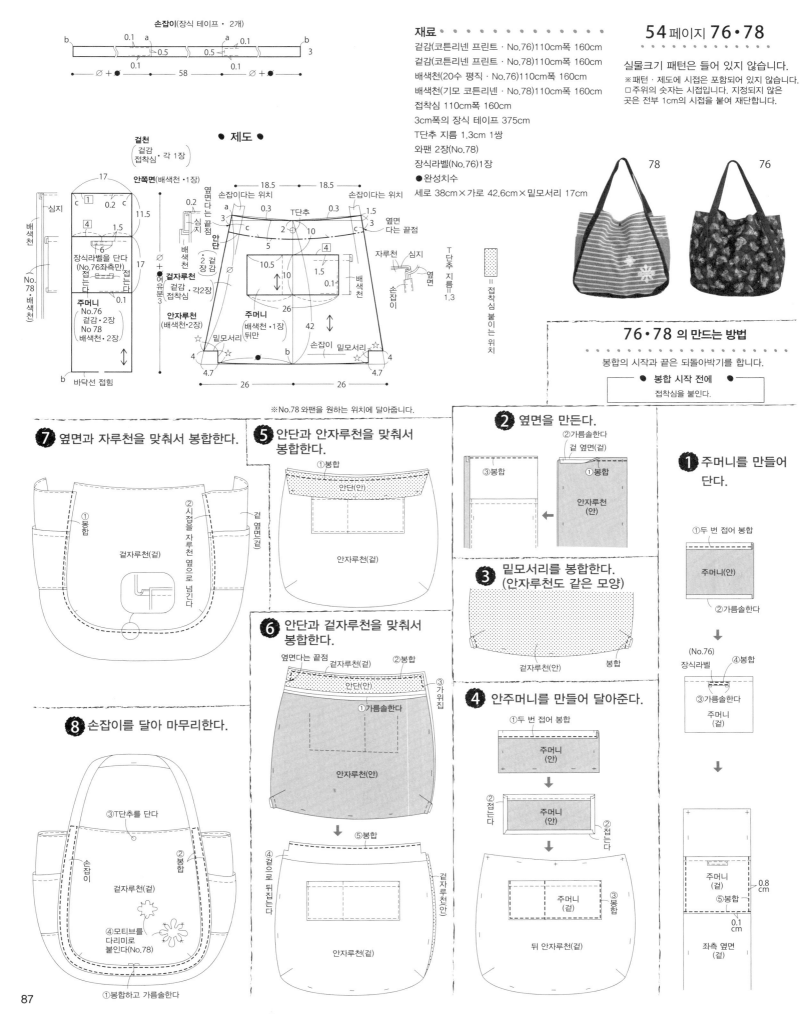

손잡이(장식 테이프·2개)

재료 ●
겉감(코튼리넨 프린트·No.76)110cm폭 160cm
겉감(코튼리넨 프린트·No.78)110cm폭 160cm
배색천(20수 평직·No.76)110cm폭 160cm
배색천(기모 코튼리넨·No.78)110cm폭 160cm
접착심 110cm폭 160cm
3cm폭의 장식 테이프 375cm
T단추 지름 1.3cm 1쌍
와팬 2장(No.78)
장식라벨(No.76)1장
● 완성치수
세로 38cm×가로 42.6cm×밑모서리 17cm

실물크기 패턴은 들어 있지 않습니다.
※패턴·제도에 시접은 포함되어 있지 않습니다.
□주위의 숫자는 시접입니다. 지정되지 않은 곳은 전부 1cm의 시접을 붙여 재단합니다.

78   76

● 제도 ●

76·78 의 만드는 방법

봉합의 시작과 끝은 되돌아박기를 합니다.

● 봉합 시작 전에 ●
접착심을 붙인다.

❶ 주머니를 만들어 단다.
①두 번 접어 봉합
주머니(안)
②가름솔한다
(No.76)
장식라벨 ④봉합
③가름솔한다
주머니(겉)

❷ 옆면을 만든다.
②가름솔한다
겉 옆면(겉)
①봉합
③봉합
안자루천(안)

❸ 밑모서리를 봉합한다.
(안자루천도 같은 모양)
겉자루천(안) 봉합

❹ 안주머니를 만들어 달아준다.
①두 번 접어 봉합
주머니(안)
②접는다
주머니(안) ②접는다
③봉합
주머니(겉)
뒤 안자루천(겉)

❺ 안단과 안자루천을 맞춰서 봉합한다.
①봉합
안단(안)
안자루천(겉)

❻ 안단과 겉자루천을 맞춰서 봉합한다.
옆면다는 끝점 겉자루천(겉)
②봉합
안단(안)
①가름솔한다
③가위집
안자루천(안)
⑤봉합
④겉으로 뒤집는다
겉자루천(안)
안자루천(겉)

❼ 옆면과 자루천을 맞춰서 봉합한다.
①봉합
②시접을 자루천 옆으로 넘긴다
겉자루천(겉)
겉 옆면(겉)

❽ 손잡이를 달아 마무리한다.
③T단추를 단다
②봉합
손잡이
겉자루천(겉)
④모티브를 다리미로 붙인다(No.78)
①봉합하고 가름솔한다

※No.78 와팬을 원하는 위치에 달아줍니다.

주머니(겉)
0.8cm
⑤봉합
0.1cm
좌측 옆면(겉)

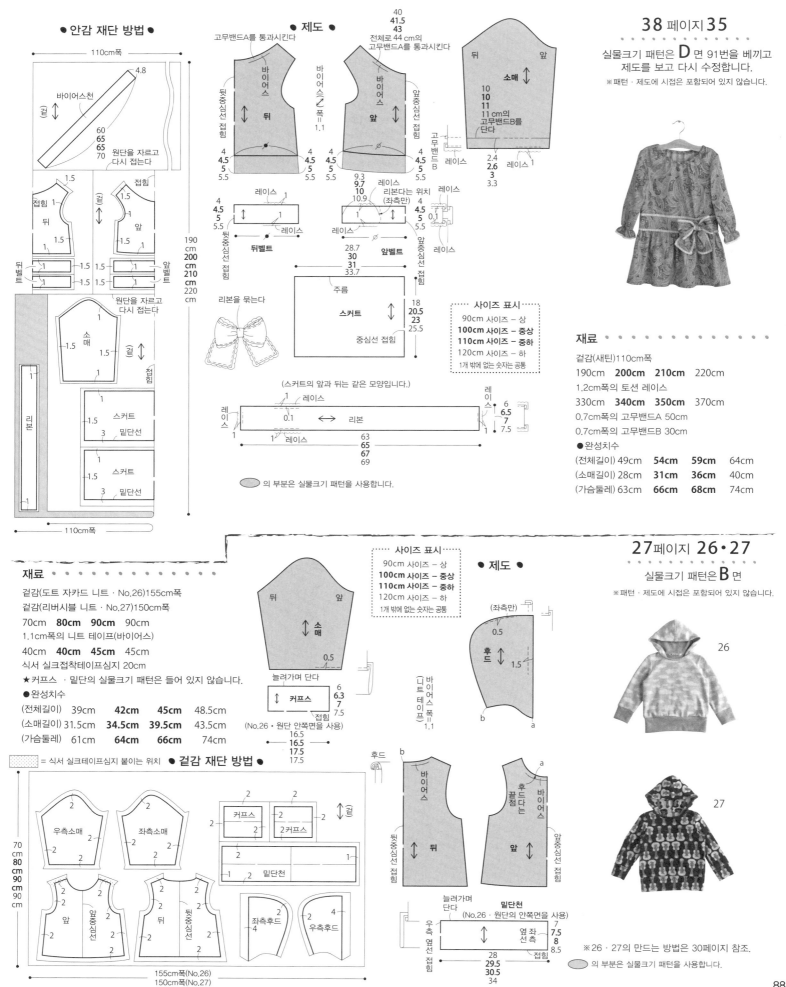

● 안감 재단 방법 ●

110cm폭

4.8
바이어스천
걸
60
65
65
70
원단을 자르고 다시 접는다

접힘
1.5
접힘
1
뒤
1.5
걸
1.5
앞
접힘
1.5

뒤벨트
1
1.5
1
1.5
앞벨트
1
1.5

원단을 자르고 다시 접는다

190 cm
200 cm
210 cm
220 cm

소매
1.5
1.5
걸
접힘

리본
1

스커트
1.5
3 밑단선

스커트
1.5
3 밑단선

110cm폭

● 제도 ●

고무밴드A를 통과시킨다

40
41.5
43
전체로 44 cm의 고무밴드A를 통과시킨다

바이어스
뒤
뒷중심선 접힘
바이어스 폭=1.1

4
4.5
5
5.5

바이어스
앞
앞중심선 접힘

4
4.5
5
5.5

4
4.5
5
5.5

뒤
앞
소매
10
10
11
11 cm의 고무밴드B를 단다

고무밴드 B
레이스
2.4
2.6
3
3.3
레이스 1

레이스 1
뒤벨트
뒷중심선 접힘

4
4.5
5
5.5

9.3
9.7
10
10.9
레이스
리본다는 위치 (좌측만)
앞벨트
앞중심선 접힘

4
4.5
5
5.5

레이스
0.1
레이스

리본을 묶는다

28.7
30
31
33.7

주름
스커트
중심선 접힘

18
20.5
23
25.5

┌ 사이즈 표시 ┐
90cm 사이즈 – 상
100cm 사이즈 – 중상
110cm 사이즈 – 중하
120cm 사이즈 – 하
1개 밖에 없는 숫자는 공통

(스커트의 앞과 뒤는 같은 모양입니다.)

레이스
1 레이스
0.1 ←→ 리본
레이스
1 레이스
63
65
67
69

레이스
6
6.5
7
7.5
1

의 부분은 실물크기 패턴을 사용합니다.

38 페이지 35

실물크기 패턴은 D 면 91번을 베끼고 제도를 보고 다시 수정합니다.

※ 패턴 · 제도에 시접은 포함되어 있지 않습니다.

재료

겉감(새틴)110cm폭
190cm 200cm 210cm 220cm
1.2cm폭의 토션 레이스
330cm 340cm 350cm 370cm
0.7cm폭의 고무밴드A 50cm
0.7cm폭의 고무밴드B 30cm
● 완성치수
(전체길이) 49cm 54cm 59cm 64cm
(소매길이) 28cm 31cm 36cm 40cm
(가슴둘레) 63cm 66cm 68cm 74cm

재료

겉감(도트 자카드 니트·No.26)155cm폭
겉감(리버시블 니트·No.27)150cm폭
70cm 80cm 90cm 90cm
1.1cm폭의 니트 테이프(바이어스)
40cm 40cm 45cm 45cm
식서 실크접착테이프심지 20cm
★커프스 · 밑단의 실물크기 패턴은 들어 있지 않습니다.
● 완성치수
(전체길이) 39cm 42cm 45cm 48.5cm
(소매길이) 31.5cm 34.5cm 39.5cm 43.5cm
(가슴둘레) 61cm 64cm 66cm 74cm

= 식서 실크테이프심지 붙이는 위치

● 겉감 재단 방법 ●

70 cm
80 cm
90 cm
90 cm

2
우측소매
2
2
좌측소매
2

2
커프스
2
2커프스

2
1

2
2 밑단천
1

2
2
앞
앞중심선
2
2

2
2
뒤
뒷중심선
2

2
4 좌측후드
2
우측후드 4

155cm폭(No.26)
150cm폭(No.27)

┌ 사이즈 표시 ┐
90cm 사이즈 – 상
100cm 사이즈 – 중상
110cm 사이즈 – 중하
120cm 사이즈 – 하
1개 밖에 없는 숫자는 공통

뒤
앞
소매
0.5
늘려가며 단다

6
6.3
7
7.5
커프스
접힘
(No.26·원단 안쪽면을 사용)
16.5
16.5
17.5
17.5

● 제도 ●

(좌측만)
0.5
후드
1.5
니트 테이프 폭=1.1
바이어스
b
a

후드
b
바이어스
뒤
뒷중심선 접힘
후드다는 끝점
후드 끝점
바이어스
앞
앞중심선 접힘
a

늘려가며 단다
밑단천
(No.26·원단의 안쪽면을 사용)
우측 옆선 접힘
옆선 좌측 접힘
7
7.5
8
8.5
28
29.5
30.5
34

27페이지 26·27

실물크기 패턴은 B 면

※ 패턴 · 제도에 시접은 포함되어 있지 않습니다.

26

27

※26·27의 만드는 방법은 30페이지 참조.

의 부분은 실물크기 패턴을 사용합니다.

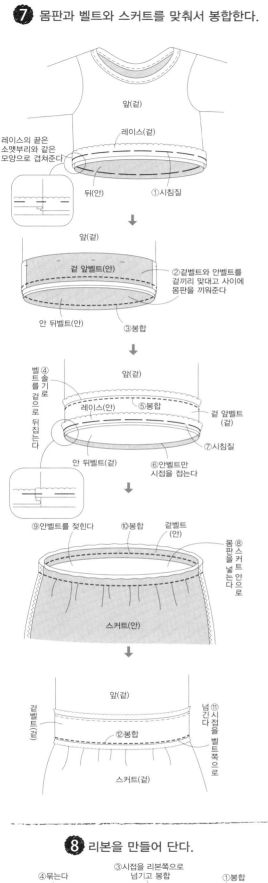

❼ 몸판과 벨트와 스커트를 맞춰서 봉합한다.

앞(겉)

레이스(겉)

레이스의 끝은
소맷부리와 같은
모양으로 겹쳐준다

뒤(안)　①시침질

↓

앞(겉)

②겉벨트와 안벨트를
겉끼리 맞대고 사이에
몸판을 끼워준다

겉 앞벨트(안)

안 뒤벨트(안)　③봉합

↓

벨④트를 겉으로 뒤집는다

앞(겉)

레이스(안)　⑤봉합

겉 앞벨트(겉)

⑦시침질

안 뒤벨트(겉)　⑥안벨트만 시접을 접는다

↓

⑨안벨트를 젖힌다　⑩봉합　겉벨트(안)

⑧스커트를 겉으로 뒤집는다

몸판을 스커트 안으로 넣는다

스커트(안)

↓

앞(겉)

겉벨트(겉)　⑫봉합

⑪시접을 벨트쪽으로 넘긴다

스커트(겉)

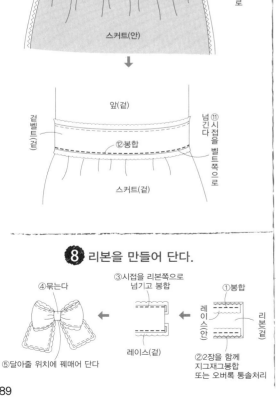

❽ 리본을 만들어 단다.

④묶는다

③시접을 리본쪽으로
넘기고 봉합

①봉합

레이스(안)

리본(겉)

레이스(겉)

⑤달아줄 위치에 꿰매어 단다

②2장을 함께
지그재그봉합
또는 오버록 통솔처리

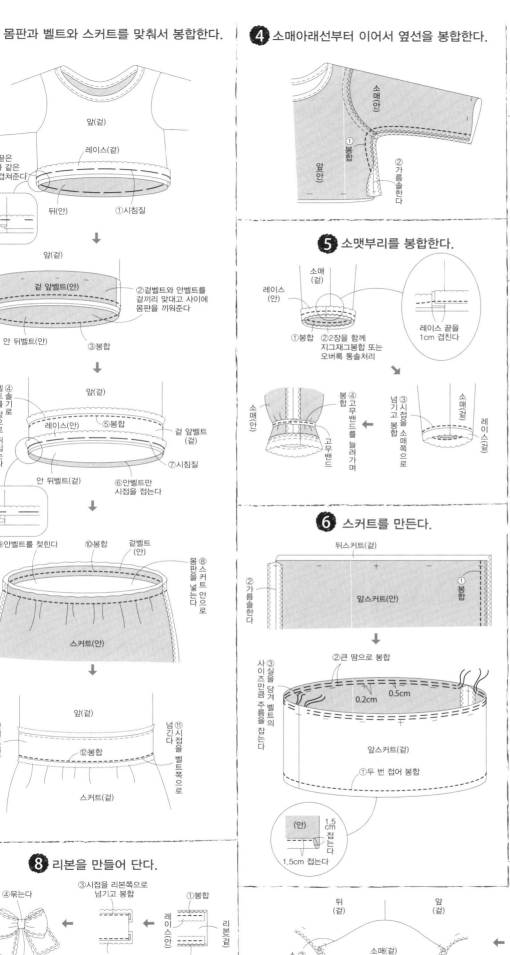

❹ 소매아래선부터 이어서 옆선을 봉합한다.

소매(안)

①봉합

앞(안)　②가름솔을 한다

❺ 소맷부리를 봉합한다.

레이스(안)　소매(겉)

①봉합　②2장을 함께 지그재그봉합 또는 오버록 통솔처리

레이스 끝을 1cm 겹친다

소매(안)

③시접을 소매쪽으로 넘기고 봉합

소매(겉)

레이스(겉)

④고무밴드를 늘려가며 봉합

고무밴드

❻ 스커트를 만든다.

뒤스커트(겉)

②가름솔을 한다

앞스커트(안)

①봉합

↓

②큰 땀으로 봉합

③실을 당겨 벨트의 사이즈만큼 주름을 잡는다

0.2cm　0.5cm

앞스커트(겉)

①두 번 접어 봉합

(안)　1.5cm 접는다

1.5cm 접는다

뒤(겉)　앞(겉)

소매(겉)

③시접을 소매쪽으로 넘긴다

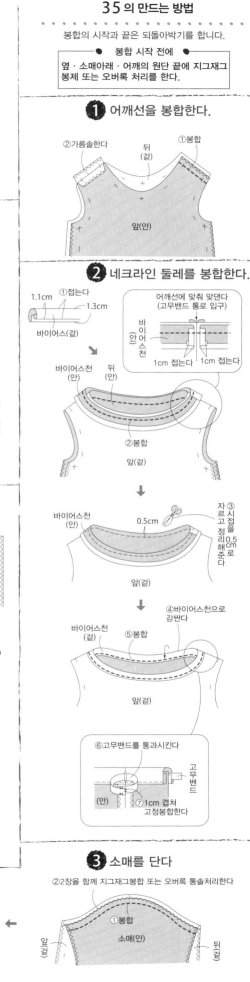

35 의 만드는 방법

봉합의 시작과 끝은 되돌아박기를 합니다.

● 봉합 시작 전에 ●

옆 · 소매아래 · 어깨의 원단 끝에 지그재그
봉제 또는 오버록 처리를 한다.

❶ 어깨선을 봉합한다.

②가름솔한다　뒤(겉)　①봉합

앞(안)

❷ 네크라인 둘레를 봉합한다.

1.1cm　①접는다　1.3cm

바이어스(겉)

어깨선에 맞춰 맞댄다
(고무밴드 통로 입구)

바이어스천(안)　뒤(안)

1cm 접는다　1cm 접는다

바이어스천(안)　②봉합　앞(겉)

↓

바이어스천(안)　0.5cm

③자르고 시접을 정리 0.5cm로 해준다

앞(겉)

↓

④바이어스천으로 감싼다

바이어스천(겉)　⑤봉합

앞(겉)

⑥고무밴드를 통과시킨다

고무밴드

(안)　⑦1cm 겹쳐 고정봉합한다

❸ 소매를 단다

②2장을 함께 지그재그봉합 또는 오버록 통솔처리한다

①봉합

앞(겉)　소매(안)　뒤(겉)

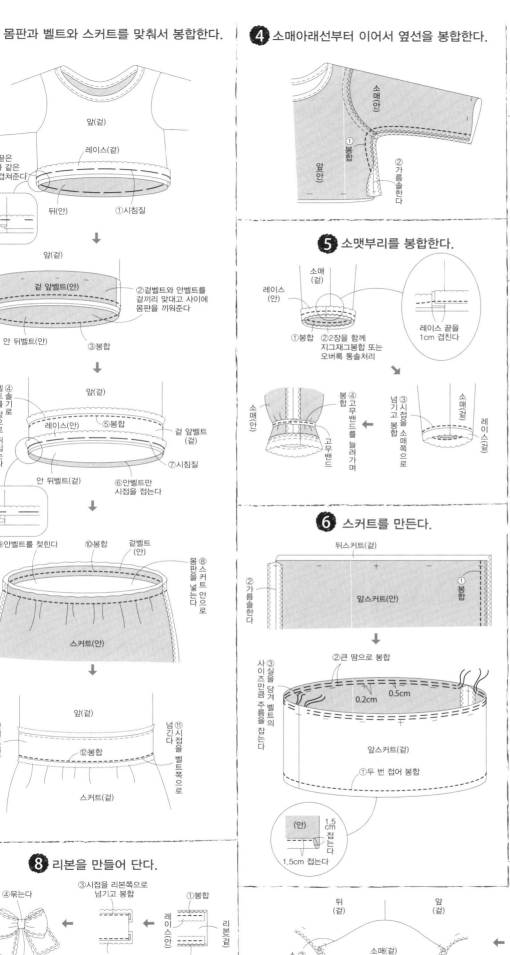

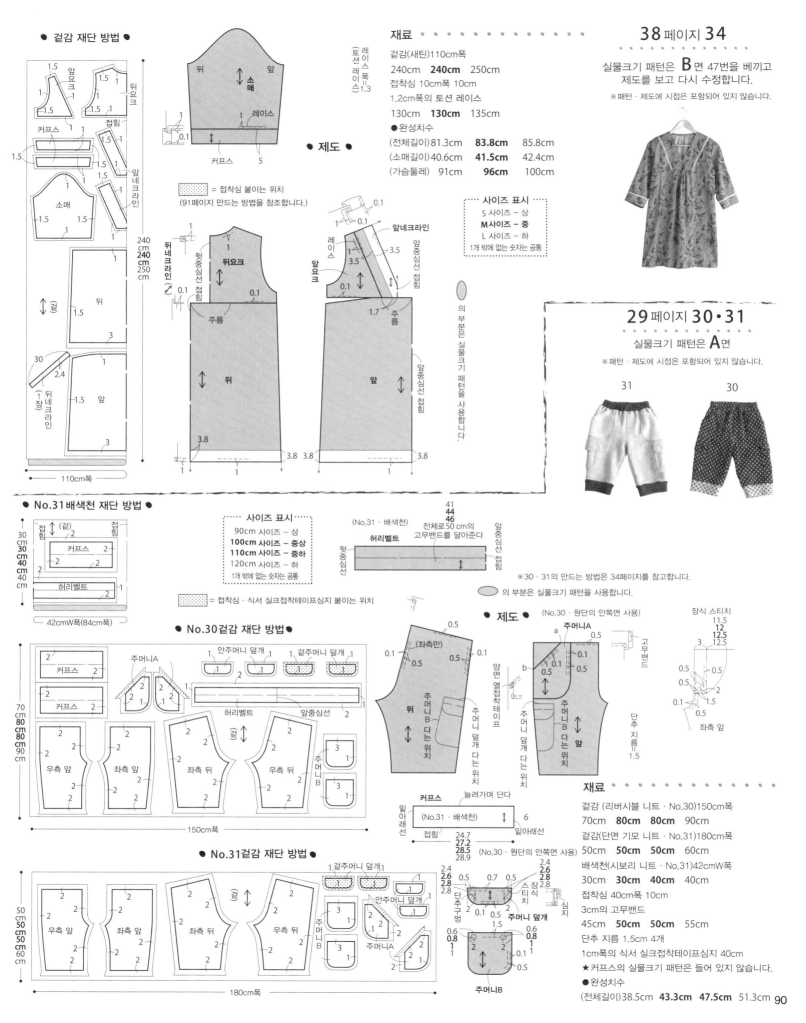

● 겉감 재단 방법 ●

앞요크
1.5 1.5
1
1.5

뒤요크
1.5
1

커프스
1.5
접힘
1.5

앞네크라인
1.5 1.5
1

소매
1.5 1.5
1

240 cm
240 cm
250 cm

걸
뒤
1.5
3

30
2.4
뒤네크라인
1
앞
1.5
3

110cm폭

뒤 소매 앞
레이스폭=1.3
토션 레이스
레이스
0.1
커프스
5

▦ = 접착심 붙이는 위치
(91페이지 만드는 방법을 참조합니다.)

뒤요크
0.1
뒷중심선 접힘
0.1
주름
뒤
3.8
3.8
1 1

1
0.1
레이스
3.5
3.5
0.1
앞요크
1.7
주름
앞
앞네크라인
앞중심선 접힘
3.8
3.8
1 1

의 부분은 실물크기 패턴을 사용합니다.

● 재료 ●

겉감(새틴)110cm폭
240cm **240cm** 250cm
접착심 10cm폭 10cm
1.2cm폭의 토션 레이스
130cm **130cm** 135cm
● 완성치수
(전체길이)81.3cm **83.8cm** 85.8cm
(소매길이)40.6cm **41.5cm** 42.4cm
(가슴둘레)91cm **96cm** 100cm

┌─ 사이즈 표시 ─┐
│ S 사이즈 – 상 │
│ **M 사이즈 – 중** │
│ L 사이즈 – 하 │
│ 1개 밖에 없는 숫자는 공통 │
└───────────┘

38 페이지 **34**

실물크기 패턴은 **B**면 47번을 베끼고
제도를 보고 다시 수정합니다.

※ 패턴 · 제도에 시접은 포함되어 있지 않습니다.

29 페이지 **30 · 31**

실물크기 패턴은 **A**면

※ 패턴 · 제도에 시접은 포함되어 있지 않습니다.

31   30

● No.31 배색천 재단 방법 ●

접힘 (겉) 접힘
30 cm
30 cm
40 cm
40 cm

커프스 2
2 2

허리벨트
42cmW폭(84cm폭)

┌─ 사이즈 표시 ─┐
│ 90cm 사이즈 – 상 │
│ **100cm 사이즈 – 중상** │
│ **110cm 사이즈 – 중하** │
│ 120cm 사이즈 – 하 │
│ 1개 밖에 없는 숫자는 공통 │
└────────────┘

▦ = 접착심 · 식서 실크접착테이프심지 붙이는 위치

41
44
46

(No.31 · 배색천)
전체로 50 cm의 고무밴드를 달아준다

허리벨트
뒷중심선
앞중심선 접힘

※ 30 · 31의 만드는 방법은 34페이지를 참고합니다.

의 부분은 실물크기 패턴을 사용합니다.

● No.30겉감 재단 방법 ●

2
커프스 2
2

2
커프스 2
2

주머니A
2 2

안주머니 덮개
1 1

겉주머니 덮개
1 1

허리벨트
앞중심선 2

70 cm
80 cm
80 cm
90 cm

우측 앞
2 2
좌측 앞
2 2
좌측 뒤
2 2
우측 뒤
2 2
주머니B
3 1

150cm폭

● 제도 ●

0.5
(좌측만)
0.1 0.5 0.5 0.1
뒤
주머니B 다는 위치
주머니 덮개 다는 위치

(No.30 · 원단의 안쪽면 사용)
a
0.5
0.1 0.5
0.5
앞
b
주머니B 다는 위치
주머니 덮개 다는 위치
양면 열접착테이프
고무밴드
단추 지름 1.5

장식 스티치
11.5
12
12.5
12.5
3
0.5 0.5
0.5
0.5
0.1 1.5
1.5
0.5
좌측 앞

커프스
늘려가며 단다
(No.31 · 배색천) 6
밑아래선 접힘
밑아래선
24.7
27.2
28.5
28.9
(No.30 · 원단의 안쪽면 사용)

2.4
2.6
2.8
2.8
0.5 0.7 0.5
2.4
2.6
2.8
2.8
단추구멍
2.8
0.5
스장식티스치치
심지
주머니 덮개
0.6 1.5 0.6
0.8 **0.8**
1 1
2 2
0.1
주머니B
0.5

● No.31겉감 재단 방법 ●

50 cm
50 cm
50 cm
60 cm

2
우측 앞
2
2
좌측 앞
2
2
좌측 뒤
2
2
우측 뒤
2

겉주머니 덮개
1 1

안주머니 덮개
1

주머니B
1
주머니A
1

180cm폭

● 재료 ●

겉감 (리버시블 니트 · No.30)150cm폭
70cm **80cm** **80cm** 90cm
겉감(단면 기모 니트 · No.31)180cm폭
50cm **50cm** **50cm** 60cm
배색천(시보리 니트 · No.31)42cmW폭
30cm **30cm** **40cm** 40cm
접착심 40cm폭 10cm
3cm의 고무밴드
45cm **50cm** **50cm** 55cm
단추 지름 1.5cm 4개
1cm폭의 식서 실크접착테이프심지 40cm
★ 커프스의 실물크기 패턴은 들어 있지 않습니다.
● 완성치수
(전체길이)38.5cm **43.3cm** **47.5cm** 51.3cm

봉합의 시작과 끝은 되돌아박기를 합니다.
● **봉합 시작 전에** ●
옆·어깨·소매아래의 원단 끝에 지그재그
봉제 또는 오버록 처리를 한다.

❽ 소매를 만든다.

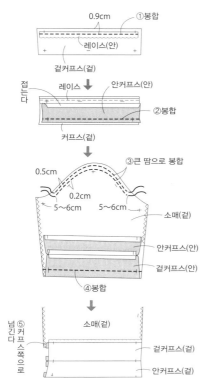

0.9cm ①봉합
레이스(안)
겉커프스(겉)

접는다
레이스
안커프스(안)
②봉합
커프스(겉)

③큰 땀으로 봉합
0.5cm
0.2cm
5~6cm 5~6cm
소매(겉)
안커프스(안)
겉커프스(안)
④봉합

⑤넘긴 커프스쪽으로
소매(겉)
겉커프스(겉)
안커프스(겉)

⑪다리미 끝으로 시접을 눌러준다
소매(겉)
⑩사이즈만큼의 진동둘레 몸판의 실을 당겨 줄여준다
⑦가름솔한다
소매(안)
⑥봉합
커프스(안)
⑨봉합
소매(안)
소매(안)
벌린다
⑧커프스를 접는다
소매전용 다리미판
안커프스(겉)

❾ 소매를 단다.

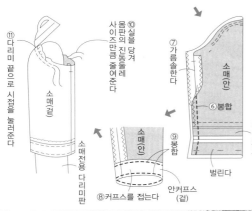

②또는 2장을 함께 오버록 통솔 처리 지그재그봉합
①봉합
앞(안)
소매(안)
4~5cm
두 줄로 봉합
앞스커트(안)

❿ 밑단을 봉합한다.

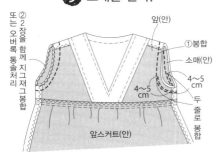

앞스커트(겉)
1.5cm
두 번 접어 봉합

❺ 네크라인 둘레를 마무리 처리한다.

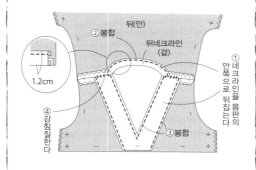

뒤(안)
②봉합
뒤네크라인(겉)
1.2cm
④감침질한다
③봉합
①안쪽으로 뒤집는다 네크라인을 몸판의

❻ 옆선을 봉합한다.

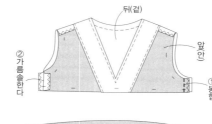

뒤(겉)
②가름솔한다
앞(안)
①봉합

④가름솔한다
앞스커트(안)
③봉합
뒤스커트(겉)

❼ 허리를 맞춰 봉합한다.

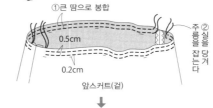

①큰 땀으로 봉합
0.5cm
0.2cm
②주름을 실을 당겨 잡는다
앞스커트(겉)

④2장을 함께 지그재그봉합 또는 오버록 통솔처리를 한다

앞(안)
③봉합
뒤스커트(안)

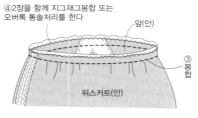

앞(겉)
⑥봉합
⑤시접을 몸판쪽으로 넘긴다
앞스커트(겉)

❶ 앞네크라인을 만든다.

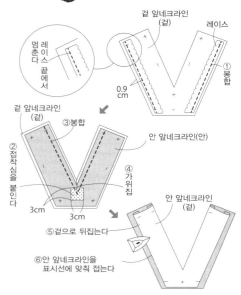

겉 앞네크라인(겉)
레이스
멈춘다 레이스 끝에서
0.9cm
①봉합

겉 앞네크라인(겉)
③봉합
안 앞네크라인(안)
②접착심을 붙인다
3cm 3cm
④가위집
⑤겉으로 뒤집는다
안 앞네크라인(겉)
⑥안 앞네크라인을 표시선에 맞춰 접는다

❷ 앞네크라인을 단다.

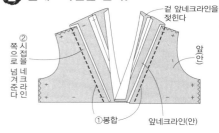

②쪽으로 시접을 넘겨준다 네크라인
겉 앞네크라인을 젖힌다
앞(안)
①봉합
앞네크라인(안)

❸ 뒤네크라인을 단다.

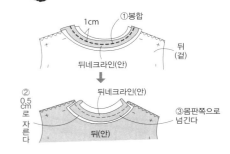

1cm
①봉합
뒤(겉)
뒤네크라인(안)
②0.5cm로 자른다
뒤네크라인(안)
③몸판쪽으로 넘긴다
뒤(안)

❹ 어깨선을 봉합한다.

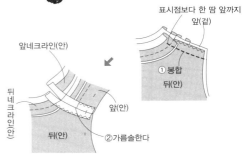

표시점보다 한 땀 앞까지
앞(겉)
앞네크라인(안)
①봉합
뒤(안)
뒤네크라인(안)
뒤(안)
앞(안)
②가름솔한다

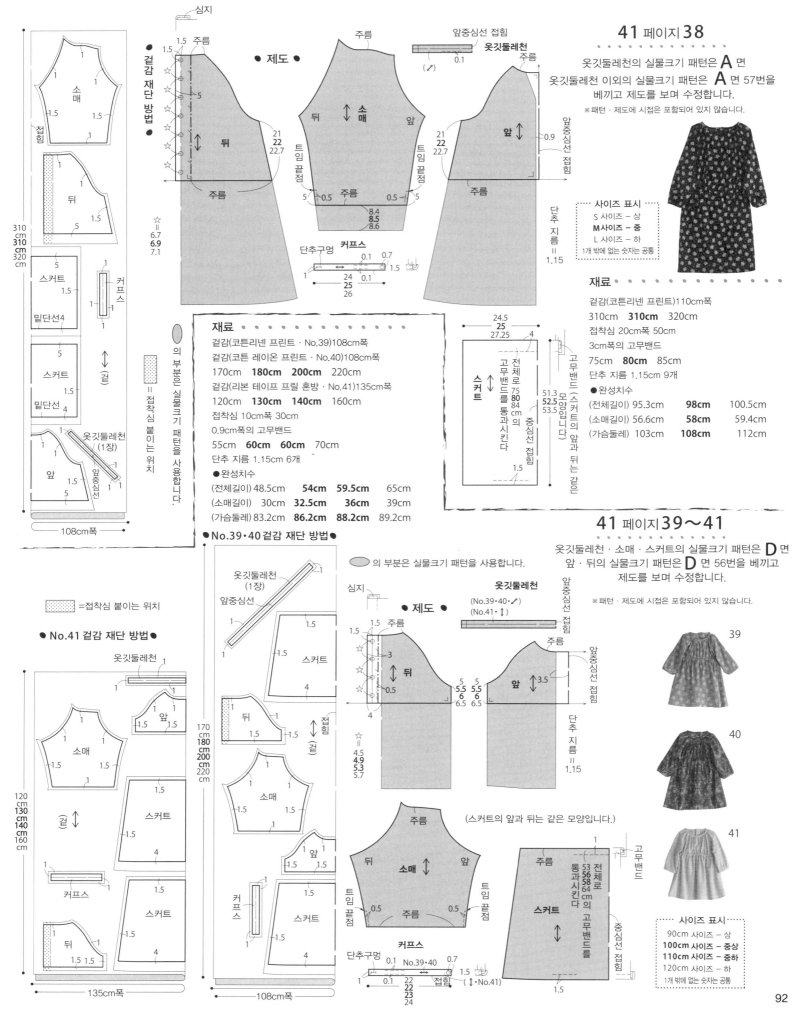

옷깃둘레천의 실물크기 패턴은 **A** 면

옷깃둘레천 이외의 실물크기 패턴은 **A** 면 57번을 베끼고 제도를 보며 수정합니다.

※패턴·제도에 시접은 포함되어 있지 않습니다.

● 사이즈 표시 ●
S 사이즈 – 상
M 사이즈 – 중
L 사이즈 – 하
1개 밖에 없는 숫자는 공통

재료 ●

겉감(코튼리넨 프린트)110cm폭
310cm **310cm** 320cm
접착심 20cm폭 50cm
3cm폭의 고무밴드
75cm **80cm** 85cm
단추 지름 1.15cm 9개

●완성치수
(전체길이) 95.3cm **98cm** 100.5cm
(소매길이) 56.6cm **58cm** 59.4cm
(가슴둘레) 103cm **108cm** 112cm

심지
겉감 재단 방법
주름 · 제도 · 뒤 · 소매 · 앞
앞중심선 접힘 · 옷깃둘레천
21 **22** 22.7
6.7 **6.9** 7.1
8.4 **8.5** 8.6
단추구멍 커프스
24 **25** 26
단추 지름 = 1.15
의 부분은 실물크기 패턴을 사용합니다.
= 접착심 붙이는 위치
108cm폭
310 **310** 320 cm

스커트
밑단선4
커프스
24.5 **25** 27.25
51.3 **52.5** 53.5
고무밴드로 75 **80** 84 cm 의 전체밴드를 통과시킨다
중심선 접힘 (스커트의 앞 뒤는 같은 모양입니다)

재료 ●

겉감(코튼리넨 프린트·No.39)108cm폭
겉감(코튼 레이온 프린트·No.40)108cm폭
170cm **180cm** 200cm 220cm
겉감(리본 테이프 프릴 혼방·No.41)135cm폭
120cm **130cm** 140cm 160cm
접착심 10cm폭 30cm
0.9cm폭의 고무밴드
55cm **60cm** 60cm 70cm
단추 지름 1.15cm 6개

●완성치수
(전체길이) 48.5cm **54cm** 59.5cm 65cm
(소매길이) 30cm **32.5cm** 36cm 39cm
(가슴둘레) 83.2cm **86.2cm** 88.2cm 89.2cm

옷깃둘레천·소매·스커트의 실물크기 패턴은 **D** 면
앞·뒤의 실물크기 패턴은 **D** 면 56번을 베끼고 제도를 보며 수정합니다.

※패턴·제도에 시접은 포함되어 있지 않습니다.

39
40
41

● 사이즈 표시 ●
90cm 사이즈 – 상
100cm 사이즈 – 중상
110cm 사이즈 – 중하
120cm 사이즈 – 하
1개 밖에 없는 숫자는 공통

●No.39·40 겉감 재단 방법●
의 부분은 실물크기 패턴을 사용합니다.
옷깃둘레천(1장)
앞중심선
스커트
뒤
소매
앞
커프스
170 **180 200** cm 220 cm
108cm폭

= 접착심 붙이는 위치

●No.41 겉감 재단 방법●
옷깃둘레천
소매
앞
겉
커프스
뒤
120 **130 140** cm 160 cm
135cm폭

제도
옷깃둘레천
(No.39·40·↗)
(No.41·↕)
심지
주름 · 뒤 · 앞 · 소매
앞중심선 접힘
3
5 **5.5 6** 6.5
5 **5.5 6** 6.5
3.5
4.5 **4.9 5.3** 5.7
단추 지름 = 1.15

뒤 · 소매 · 앞
틈임 끝점 · 0.5 · 주름
(스커트의 앞과 뒤는 같은 모양입니다.)

단추구멍 커프스
No.39·40
22 **22 23** 24
접힘 (↕·No.41)

스커트
고무밴드
53 **56 58** 64 cm 의 고무밴드를 전체로 통과시킨다
중심선 접힘
1.5

🟤7 스커트를 만든다.

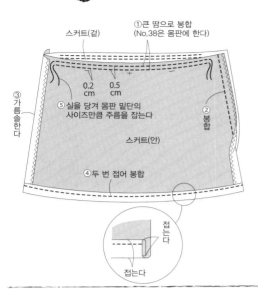

①큰 땀으로 봉합
(No.38은 몸판에 한다)

스커트(겉)

0.2
cm

0.5
cm

③가름솔한다

⑤실을 당겨 몸판 밑단의 사이즈만큼 주름을 잡는다

②봉합

스커트(안)

④두 번 접어 봉합

접는다

접는다

🟤8 허리를 맞춰 봉합한다.

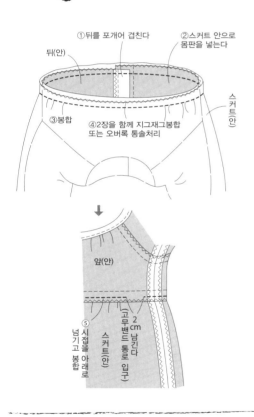

①뒤를 포개어 겹친다

②스커트 안으로 몸판을 넣는다

뒤(안)

③봉합

④2장을 함께 지그재그봉합 또는 오버록 통솔처리

스커트(안)

앞(안)

⑤시접을 넘기고 봉합
아래로

②2cm 남긴다
(고무밴드 통로 입구)

스커트(안)

🟤9 고무밴드를 통과시키고, 단추를 단다.

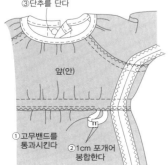

③단추를 단다

앞(안)

①고무밴드를 통과시킨다

②1cm 포개어 봉합한다

🟤4 소매에 커프스를 단다.

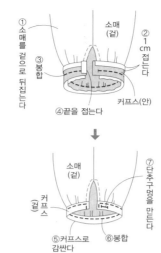

①소매를 겉으로 뒤집는다

소매(겉)

②1cm 접는다

③봉합

④끝을 접는다

커프스(안)

소매(겉)

커프스(겉)

⑦단추구멍을 만든다

⑤커프스로 감싼다

⑥봉합

🟤5 소매를 단다.

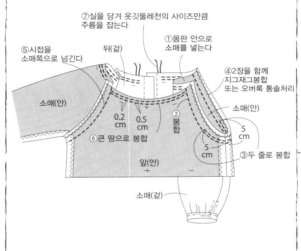

⑦실을 당겨 옷깃둘레천의 사이즈만큼 주름을 잡는다

⑤시접을 소매쪽으로 넘긴다

①몸판 안으로 소매를 넣는다

뒤(겉)

④2장을 함께 지그재그봉합 또는 오버록 통솔처리

소매(안)

0.2
cm

0.5
cm

②봉합

소매(안)

5
cm

5
cm

⑥큰 땀으로 봉합

③두 줄로 봉합

앞(안)

소매(겉)

🟤6 옷깃둘레를 봉합한다.

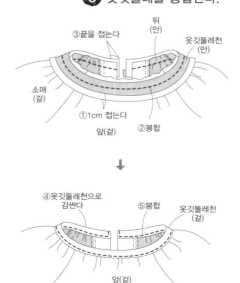

③끝을 접는다

뒤(안)

옷깃둘레천(안)

소매(겉)

①1cm 접는다

②봉합

앞(겉)

④옷깃둘레천으로 감싼다

⑤봉합

옷깃둘레천(겉)

앞(겉)

38~41의 만드는 방법

봉합의 시작과 끝은 되돌아박기 합니다.

● 봉합 시작 전에 ●

①접착심을 붙인다.
②옆·어깨·소매아래의 원단 끝에 지그재그 봉제 또는 오버록 처리를 한다.

🟤1 뒷몸판을 만든다.

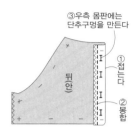

③우측 몸판에는 단추구멍을 만든다

뒤(안)

①접는다

②봉합

🟤2 옆선을 봉합한다.

뒤(겉)

②가름솔한다

앞(안)

①봉합

🟤3 소매를 만든다.

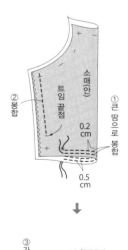

②봉합

소매(안)

트임 끝점

①큰 땀으로 봉합

0.2
cm

0.5
cm

③가름솔한다

트임 끝점

④봉합

소매(안)

⑤실을 당겨 커프스의 길이만큼 주름을 잡는다

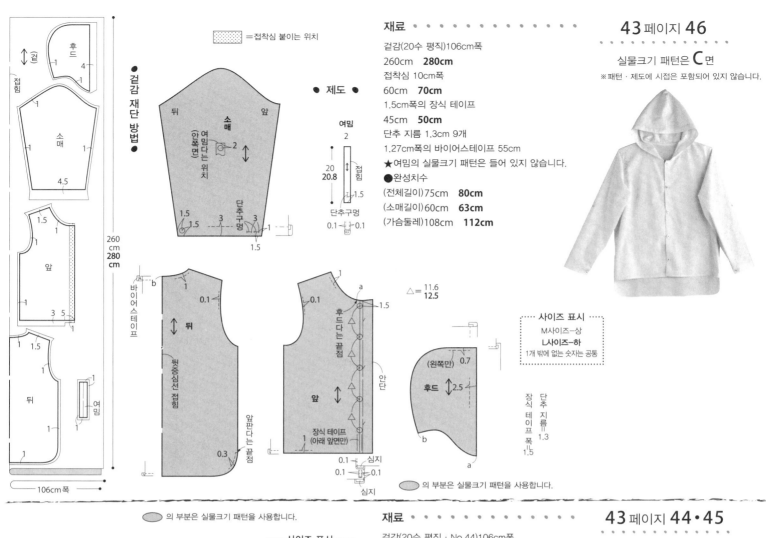

실물크기 패턴은 **C**면
※패턴·제도에 시접은 포함되어 있지 않습니다.

재료

겉감(20수 평직)106cm폭
260cm **280cm**
접착심 10cm폭
60cm **70cm**
1.5cm폭의 장식 테이프
45cm **50cm**
단추 지름 1.3cm 9개
1.27cm폭의 바이어스테이프 55cm
★여밈의 실물크기 패턴은 들어 있지 않습니다.
●완성치수
(전체길이)75cm **80cm**
(소매길이)60cm **63cm**
(가슴둘레)108cm **112cm**

···사이즈 표시···
M사이즈-상
L사이즈-하
1개 밖에 없는 숫자는 공통

의 부분은 실물크기 패턴을 사용합니다.

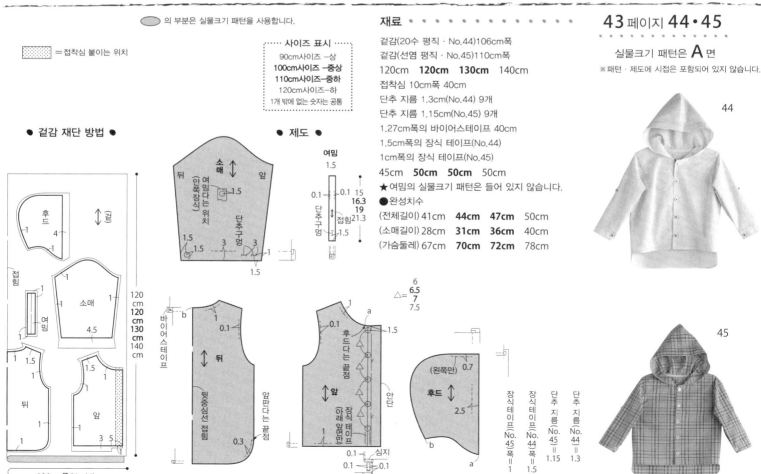

의 부분은 실물크기 패턴을 사용합니다.

···사이즈 표시···
90cm사이즈-상
100cm사이즈-중상
110cm사이즈-중하
120cm사이즈-하
1개 밖에 없는 숫자는 공통

재료

겉감(20수 평직·No.44)106cm폭
겉감(선염 평직·No.45)110cm폭
120cm **120cm 130cm** 140cm
접착심 10cm폭 40cm
단추 지름 1.3cm(No.44) 9개
단추 지름 1.15cm(No.45) 9개
1.27cm폭의 바이어스테이프 40cm
1.5cm폭의 장식 테이프(No.44)
1cm폭의 장식 테이프(No.45)
45cm **50cm 50cm** 50cm
★여밈의 실물크기 패턴은 들어 있지 않습니다.
●완성치수
(전체길이)41cm **44cm 47cm** 50cm
(소매길이)28cm **31cm 36cm** 40cm
(가슴둘레)67cm **70cm 72cm** 78cm

실물크기 패턴은 **A**면
※패턴·제도에 시접은 포함되어 있지 않습니다.

44

45

6 소매아래선부터 옆선을 이어서 봉합한다.

소매(안)
②가름솔한다
①봉합
뒤(안)
앞판다는 끝점

7 소맷부리를 봉합한다.

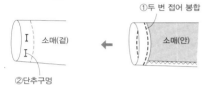

①두 번 접어 봉합
소매(겉)
소매(안)
②단추구멍

8 밑단을 봉합한다.

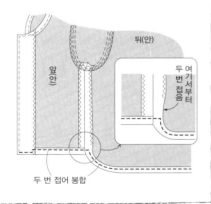

뒤(안)
앞(안)
두 번 접어 봉합
두 번 접음
여기서부터

9 단추구멍을 만들고, 단추를 단다.

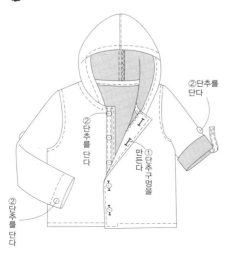

②단추를 단다
②단추를 단다
①단추구멍을 만든다
②단추를 단다

4 옷깃둘레를 봉합한다.

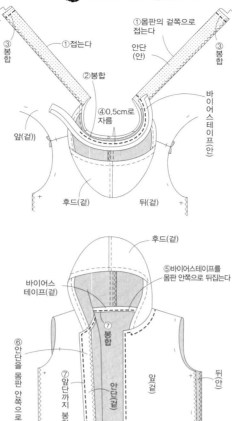

③봉합
①접는다
①몸판의 겉쪽으로 접는다
안단(안)
③봉합
②봉합
④0.5cm로 자름
바이어스테이프(안)
앞(겉)
후드(겉)
뒤(겉)

후드(겉)
바이어스테이프(겉)
⑤바이어스테이프를 몸판 안쪽으로 뒤집는다
⑥안단을 몸판 안쪽으로 뒤집는다
⑦봉합
⑦앞단까지 봉합
안단(겉)
앞(겉)
뒤(안)

5 소매를 단다.

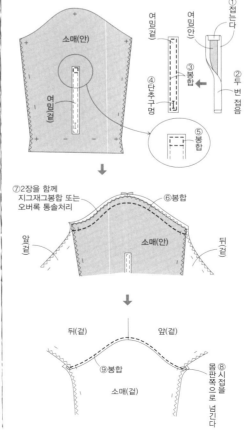

소매(안)
여밈(겉)
여밈(안)
여밈겉
여밈안
①접는다
②두 번 접음
③봉합
④단추구멍
⑤봉합

⑦2장을 함께 지그재그봉합 또는 오버록 통솔처리
⑥봉합
앞(겉)
소매(안)
뒤(겉)

뒤(겉)
앞(겉)
⑨봉합
소매(겉)
⑧시접을 몸판쪽으로 넘긴다

44～46의 만드는 방법

봉합의 시작과 끝은 되돌아박기를 합니다.
● 봉합 시작 전에 ●
①접착심을 붙인다.
②옆·어깨·소매아래·안단의 원단 끝에 지그재그봉제 또는 오버록 처리를 한다.

1 장식 테이프를 단다.

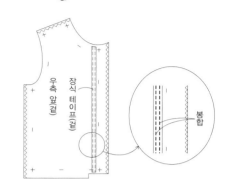

우측 앞(겉)
장식 테이프(겉)
봉합

2 어깨선을 봉합한다.

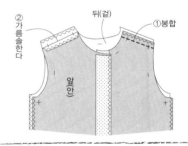

뒤(겉)
②가름솔한다
①봉합
앞(안)

3 후드를 만들어 단다.

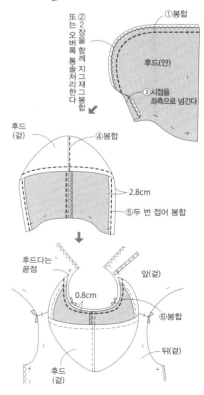

②2장을 함께 오버록 통솔처리 한다 또는 지그재그봉합
①봉합
후드(안)
③시접을 좌측으로 넘긴다

후드(겉)
④봉합
2.8cm
⑤두 번 접어 봉합

후드다는 끝점
0.8cm
앞(겉)
⑥봉합
후드(겉)
뒤(겉)

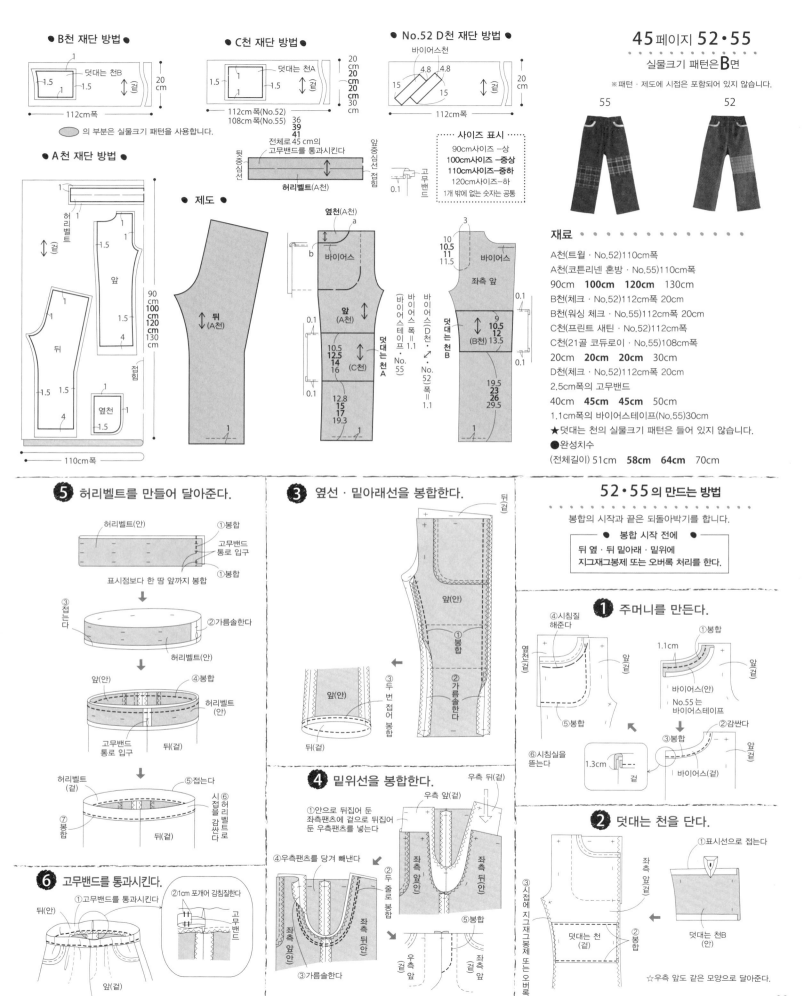

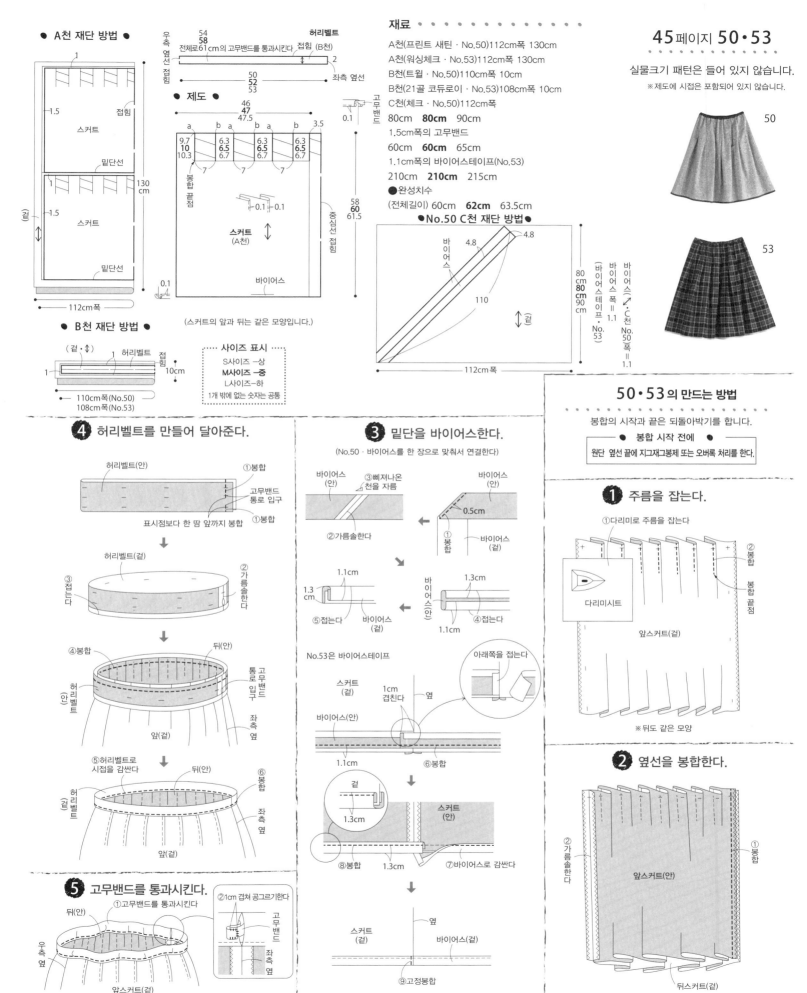

● A천 재단 방법 ●

허리벨트

전체로61cm의 고무밴드를 통과시킨다 접힘 (B천)

54
58

우측 옆선 접힘

좌측 옆선

50
52
53

● 제도 ●

46
47
47.5

a   b   b   a   b

9.7
10
10.3

6.3
6.5
6.7

6.3
6.5
6.7

6.3
6.5
6.7

3.5

봉합 끝점

7   7   7

스커트
(A천)

0.1 0.1

58
60
61.5

중심선 접힘

바이어스

0.1

(스커트의 앞과 뒤는 같은 모양입니다.)

● B천 재단 방법 ●

(겉·↕)   허리벨트   접힘

10cm

110cm폭(No.50)
108cm폭(No.53)

┌─── 사이즈 표시 ───┐
│ S사이즈 —상   │
│ M사이즈 —중   │
│ L사이즈—하   │
│ 1개 밖에 없는 숫자는 공통 │
└──────────────┘

스커트

밑단선

스커트

밑단선

130cm

1.5

1.5

112cm폭

재료 ·········

A천(프린트 새틴·No.50)112cm폭 130cm
A천(워싱체크·No.53)112cm폭 130cm
B천(트윌·No.50)110cm폭 10cm
B천(21골 코듀로이·No.53)108cm폭 10cm
C천(체크·No.50)112cm폭
80cm **80cm** 90cm
1.5cm폭의 고무밴드
60cm **60cm** 65cm
1.1cm폭의 바이어스테이프(No.53)
210cm **210cm** 215cm

● 완성치수
(전체길이) 60cm **62cm** 63.5cm

● No.50 C천 재단 방법 ●

4.8   4.8   4.8

바이어스

110

80cm
80cm
90cm

바이어스 폭 = 1.1
(바이어스테이프·No.53)
바이어스 ✎ C천 No.50 = 1.1

112cm폭

50

53

50·53의 만드는 방법

봉합의 시작과 끝은 되돌아박기를 합니다.

● 봉합 시작 전에 ●
원단 옆선 끝에 지그재그봉제 또는 오버록 처리를 한다.

❶ 주름을 잡는다.

①다리미로 주름을 잡는다

②봉합

봉합 끝점

다리미시트

앞스커트(겉)

※뒤도 같은 모양

❷ 옆선을 봉합한다.

②가름솔한다

①봉합

앞스커트(안)

뒤스커트(겉)

❹ 허리벨트를 만들어 달아준다.

허리벨트(안)   ①봉합

고무밴드 통로 입구

표시점보다 한 땀 앞까지 봉합   ①봉합

허리벨트(겉)

③접는다

②가름솔한다

④봉합   뒤(안)

허리벨트(안)

앞(겉)   좌측 옆

통로 고무밴드 입구

⑤허리벨트로 시접을 감싼다   뒤(안)

허리벨트(겉)

⑥봉합   좌측 옆

앞(겉)

❸ 밑단을 바이어스한다.

(No.50·바이어스를 한 장으로 맞춰서 연결한다)

바이어스(안)   ③삐져나온 천을 자름

②가름솔한다

0.5cm   바이어스(겉)

①봉합   바이어스(겉)

1.1cm   1.3cm

1.3cm   바이어스(안)

⑤접는다   바이어스(겉)   ④접는다

1.1cm

No.53은 바이어스테이프

아래쪽을 접는다

스커트(겉)

1cm 겹친다   옆

바이어스(안)

1.1cm   ⑥봉합

스커트(안)

겉

1.3cm

1.3cm   ⑦바이어스로 감싼다   ⑧봉합

스커트(겉)   옆

바이어스(겉)

⑨고정봉합

❺ 고무밴드를 통과시킨다.

①고무밴드를 통과시킨다   ②1cm 겹쳐 공그르기한다

뒤(안)   고무밴드

우측 옆   좌측 옆

앞스커트(겉)

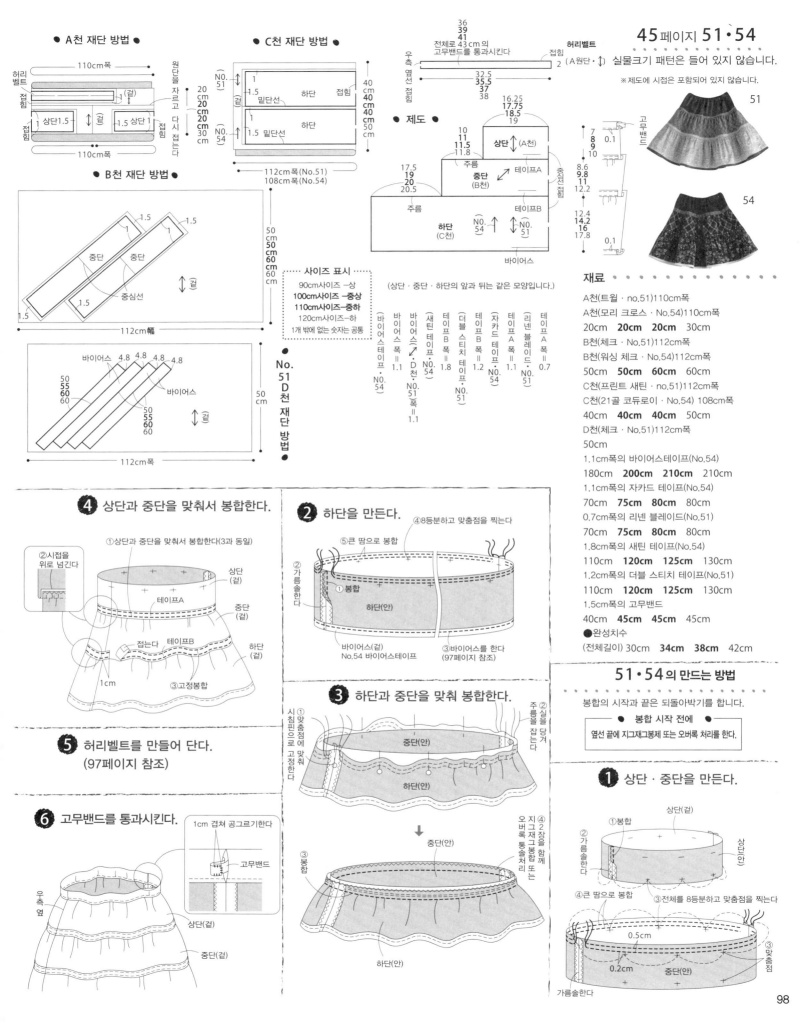

● A천 재단 방법 ●

허리벨트
접힘
상단1.5 | 상단 1
접힘
110cm폭
원단을 자르고 다시 접는다

● C천 재단 방법 ●
NO.51
1
1.5 밑단선
하단 접힘
40cm 20cm 40cm 40cm 40cm 50cm
하단
1.5 밑단선
NO.54
112cm폭(No.51)
108cm폭(No.54)

● B천 재단 방법 ●
1.5 1.5
1 1
중단 중단
1.5 중심선
112cm幅

바이어스 4.8 4.8 4.8 4.8
50 55 60 60
바이어스
50 55 60 60
112cm폭
No.51 D천 재단 방법
50cm

사이즈 표시
90cm사이즈 –상
100cm사이즈 –중상
110cm사이즈–중하
120cm사이즈–하
1개 밖에 없는 숫자는 공통

36 39 41
전체로 43cm의 고무밴드를 통과시킨다
우측 옆선 접힘
접힘
32.5 35.5 37 38

허리벨트
2 (A원단·↕)

● 제도 ●
16.25 17.75 18.5 19
10 11 11.5 11.8
상단 (A천)
17.5 19 20 20.5
주름
중단 (B천)
테이프A
주름
하단 (C천)
NO.54 NO.51
테이프B
바이어스

(상단·중단·하단의 앞과 뒤는 같은 모양입니다.)

바이어스테이프 · No.54
바이어스폭=D천·No.54폭=1.1
바이어스(새틴 테이프·No.54) 폭=1.8
테이프B(자카드 테이프·No.54) 폭=1.2
테이프A(리넨 블레이드·No.51) 폭=1.1
테이프A(더블 스티치 테이프·No.51) 폭=1.1
테이프A 폭=0.7

45페이지 51·54
실물크기 패턴은 들어 있지 않습니다.
※제도에 시접은 포함되어 있지 않습니다.

51
54

7 8 9 10
0.1
8.6 9.8 11 12.2
12.4 14.2 16 17.8
0.1
4

고무밴드

재료
A천(트윌·no.51)110cm폭
A천(모리 크로스·No.54)110cm폭
20cm 20cm 20cm 30cm
B천(체크·No.51)112cm폭
B천(워싱 체크·No.54)112cm폭
50cm 50cm 60cm 60cm
C천(프린트 새틴·no.51)112cm폭
C천(21골 코듀로이·No.54) 108cm폭
40cm 40cm 40cm 50cm
D천(체크·No.51)112cm폭
50cm
1.1cm폭의 바이어스테이프(No.54)
180cm 200cm 210cm 210cm
1.1cm폭의 자카드 테이프(No.54)
70cm 75cm 80cm 80cm
0.7cm폭의 리넨 블레이드(No.51)
70cm 75cm 80cm 80cm
1.8cm폭의 새틴 테이프(No.54)
110cm 120cm 125cm 130cm
1.2cm폭의 더블 스티치 테이프(No.51)
110cm 120cm 125cm 130cm
1.5cm폭의 고무밴드
40cm 45cm 45cm 45cm
●완성치수
(전체길이) 30cm 34cm 38cm 42cm

51·54의 만드는 방법
봉합의 시작과 끝은 되돌아박기를 합니다.

● 봉합 시작 전에 ●
옆선 끝에 지그재그봉제 또는 오버록 처리를 한다.

❶ 상단·중단을 만든다.

①봉합
상단(겉)
②가름솔을 한다
상단(안)
④큰 땀으로 봉합
③전체를 8등분하고 맞춤점을 찍는다
0.5cm
0.2cm
중단(안)
가름솔한다
③맞춤점

❹ 상단과 중단을 맞춰서 봉합한다.
②시접을 위로 넘긴다
①상단과 중단을 맞춰서 봉합한다(3과 동일)
상단(겉)
테이프A
중단(겉)
접는다 테이프B
하단(겉)
1cm
③고정봉합

❺ 허리벨트를 만들어 단다.
(97페이지 참조)

❻ 고무밴드를 통과시킨다.
1cm 겹쳐 공그르기한다
고무밴드
상단(겉)
우측 옆
중단(겉)

❷ 하단을 만든다.
④8등분하고 맞춤점을 찍는다
⑤큰 땀으로 봉합
②가름솔을 한다
①봉합
하단(안)
바이어스(겉) No.54 바이어스테이프
③바이어스를 한다 (97페이지 참조)

❸ 하단과 중단을 맞춰 봉합한다.
①맞춤점을 시침핀으로 고정한다
중단(안)
하단(안)
주름실을 당겨 잡는다
②2장을 함께 지그재그봉제 통솔처리 또는 오버록 처리
③봉합
중단(안)
하단(안)

98

● 제도 ●

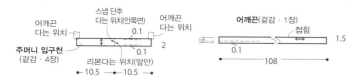

실물크기 패턴은 들어 있지 않습니다.
※패턴·제도에 시접은 포함되어 있지 않습니다.
□주위의 숫자는 시접입니다. 지정되지 않은 곳은
모두 1cm의 시접을 붙여 재단합니다.

어깨끈
다는 위치
스냅 단추
다는 위치(안쪽면)
어깨끈
다는 위치
0.1
주머니 입구천
(겉감·4장)
2
0.1
리본다는 위치(앞만)
←10.5→←10.5→

어깨끈(겉감·1장)
접힘
0.1
108
1.5

겉감
겉감
배색천
4.7 1.5 2.8 1.5 1.5 2.8 1.5 4.7
b a a a b a a a b
겉몸판(배색천·2장)
5cm까지
주름
2.5   **안몸판**(겉감·2장)   2.5
← 27 →
16.5
4   8   8   4

묶는다

리본(겉감·1장)
접힘
0.1
23
1.1

재료

겉감(선염 코튼리넨)70cm폭 110cm
배색천(선염 코튼리넨)60cm폭 20cm
스냅 단추 1쌍
●완성치수
세로 18.5 × 가로 32cm

85의 만드는 방법
봉합의 시작과 끝은 되돌아박기를 합니다.

❶ 겉몸판을 만든다.(안몸판도 같은 모양)

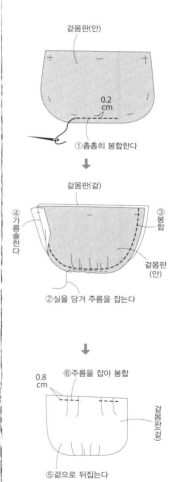

겉몸판(안)
0.2 cm
①촘촘히 봉합한다
겉몸판(겉)
④가름솔을 한다
③봉합
겉몸판(안)
②실을 당겨 주름을 잡는다
0.8 cm
⑥주름을 잡아 봉합
겉몸판(겉)
⑤겉으로 뒤집는다

❷ 몸판을 포갠다.

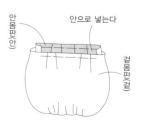

안몸판(안)
안으로 넣는다
겉몸판(겉)

❸ 어깨끈을 만든다.

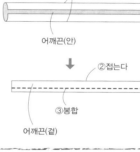

①접는다
어깨끈(안)
②접는다
③봉합
어깨끈(겉)

❹ 주머니 입구천의 옆선을 봉합한다.

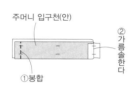

주머니 입구천(안)
②가름솔을 한다
①봉합

❺ 어깨끈을 끼우고, 주머니 입구천에 맞춰서 봉합한다.

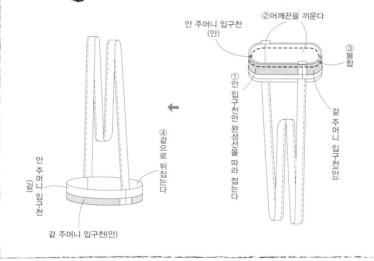

안 주머니 입구천(안)
②어깨끈을 끼운다
③봉합
①안 입구천만 완성선을 따라 접는다
겉 주머니 입구천(안)
④겉으로 뒤집는다
안 주머니 입구천(겉)
겉 주머니 입구천(안)

❻ 주머니 입구천을 몸판에 단다.

안 주머니 입구천(겉)
③봉합
②시접을 안으로 넣어준다
안몸판(겉)
겉 주머니 입구천(안)
겉몸판(겉)
안몸판(겉)
①봉합
겉 주머니 입구천(겉)
겉몸판(겉)

❼ 스냅 단추를 단다.

안 주머니 입구천(겉)
스냅 단추를 단다
겉몸판(겉)

❽ 리본을 만들어 달아준다.

②접는다
①접는다
리본(안)
③접는다
④봉합   리본(겉)
⑤리본을 묶는다

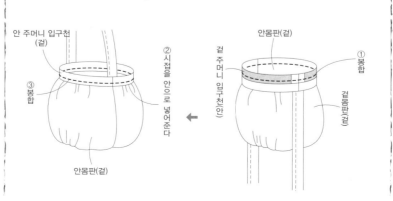

겉 주머니 입구천(겉)
⑥리본을 꿰매어 고정한다

의 부분은 실물크기 패턴을 사용합니다.

실물크기 패턴은 **B**면

※패턴·제도에 시접은 포함되어 있지 않습니다.

● 겉감 재단 방법 ●

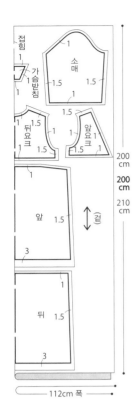

접힘

소매

1　1.5

1.5　1

가슴받침　1.5

뒤요크　1.5　1.5　앞요크

1.5　1.5

앞

1.5

3

뒤

1.5

3

200cm
200cm
210cm

112cm 폭

● 제도 ●

뒤　앞

소매

레이스B　0.1

2

1cm

0.5　0.5

앞중심

레이스B　레이스C

레이스A　0.2

0.5　0.2

레이스B

레이스A　2

0.7

레이스C

3.8　0.5

0.7　접힘

3.8

레이스A　0.5

주름 끝점

(토션레이스C폭＝2)

(토션레이스B폭＝2.5)

(토션레이스A폭＝3.8)

· 사이즈 표시 ·

S사이즈 —상

M사이즈 —중

L사이즈 —하

1개 밖에 없는 숫자는 공통

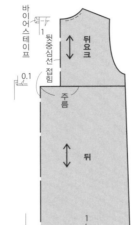

바이어스테이프

뒷중심선 접힘

뒤요크

0.1

주름

뒤

1

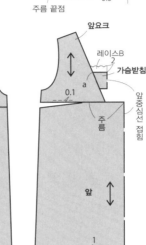

앞요크

레이스B　2

가슴받침

a　0.1

앞중심선 접힘

주름

앞

1

재료 ●

겉감(선염 평직)112cm폭

200cm　**200cm**　210cm

3.8cm폭의 토션 레이스A

75cm　**80cm**　80cm

2.5cm폭의 토션 레이스B

130cm　**130cm**　135cm

2cm폭의 토션 레이스C 65cm

1.27cm폭의 바이어스테이프 30cm

●완성치수

(전체길이) 77.5cm　**80cm**　82cm

(소매길이) 40.6cm　**41.5cm**　42.4cm

(가슴둘레) 91cm　**96cm**　100cm

앞요크의 실물크기 패턴은 **A**면

앞요크 이외의 실물크기 패턴은 **A**면 95번을 베끼고 제도를 보며 수정합니다.

※패턴·제도에 시접은 포함되어 있지 않습니다.

· 사이즈 표시 ·

90cm사이즈 —상

100cm사이즈 —중상

110cm사이즈—중하

120cm사이즈—하

1개 밖에 없는 숫자는 공통

＝접착심 붙이는 위치

● 겉감 재단 방법 ●

● 제도 ●

1.5

포개어 봉합

단추 지름
1.15

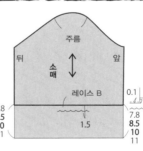

중심쪽의 레이스를 1cm 겹쳐준다

0.5　0.5

앞중심

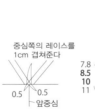

주름

뒤　소매　앞

레이스 B　0.1

7.8　8.5　10　11

1.5

7.8　8.5　10　11

접힘

소매

1.5　1.5

뒤요크　1.5

1.5　앞요크　1

1.5

뒤

4

앞

100cm
110cm
120cm
130cm

112cm 폭(No.48)

106cm 폭(No.49)

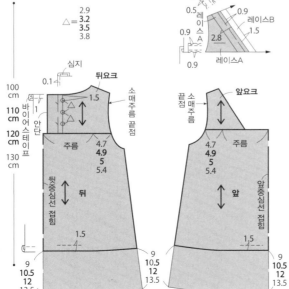

2.9
△＝**3.2**
3.5
3.8

심지

0.1

뒤요크

1.5

소매주름 끝점

바이어스테이프

안단

주름

뒤

뒷중심선 접힘

1.5

앞요크

끝 소매 주름

4.7　**4.9**　5　5.4

주름

앞

앞중심선 접힘

1.5

9　10.5　**12**　13.5

9　10.5　**12**　13.5

0.1　0.3

0.5　레이스B
레이스A　0.9
0.9　2.8　1.5
0.9　레이스A

48

49

재료 ●

겉감(선염 평직·No.48)112cm폭

겉감(20수 평직·No.49)106cm폭

100cm　**110cm**　**120cm**　130cm

접착심 10cm폭 20cm

2.6cm폭의 케미컬 레이스A(No.48)

65cm　**70cm**　**70cm**　75cm

2.8cm폭의 케미컬 레이스A(No.49)

65cm　**70cm**　**70cm**　75cm

2cm폭의 토션 레이스B(No.48)

105cm　**110cm**　**115cm**　120cm

2cm폭의 꽃무늬 레이스B(No.49)

105cm　**110cm**　**115cm**　120cm

접착심 10cm폭 30cm

1.27cm폭의 바이어스테이프 30cm

단추 지름 1.15cm 3개

아플리케 모티브 1장(No.49)

●완성치수

(전체길이) 40cm　**44cm**　**48cm**　52cm

(소매길이) 21.7cm　**24cm**　**27.5cm**　30.5cm

(가슴둘레) 87cm　**90cm**　**92cm**　98cm

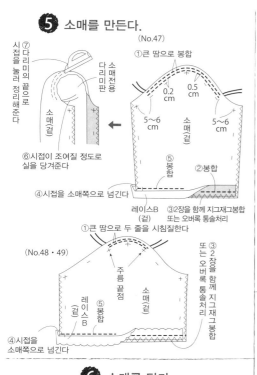

⑤ 소매를 만든다.
(No.47)

⑦시접을 다리미의 끝으로 눌러 정리해준다

다리미전용 다리미판

소매전용 다리미판

소매(겉)

0.2cm 0.5cm

5~6cm 소매(겉) 5~6cm

⑥시접이 조여질 정도로 실을 당겨준다

④시접을 소매쪽으로 넘긴다

⑤봉합 ②봉합

레이스B(겉) ②2장을 함께 지그재그봉합 또는 오버록 통솔처리

(No.48·49)

①큰 땀으로 두 줄을 시침질한다

주름 끝점

소매(겉)

레이스B(겉) ⑤봉합

또는 오버록 통솔처리 ③2장을 함께 지그재그봉합

④시접을 소매쪽으로 넘긴다

⑥ 소매를 단다.

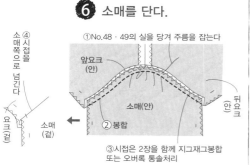

①No.48·49의 실을 당겨 주름을 잡는다

소매쪽으로 넘긴다 ④시접을

앞요크(안)

소매(안)

②봉합

요크(겉) 소매(겉)

뒤요크(안)

③시접은 2장을 함께 지그재그봉합 또는 오버록 통솔처리

⑦ 소매아래선부터 이어서 옆선을 봉합한다.

소매(안)

뒤(안)

①봉합

②가름솔을 한다

앞(겉)

⑧ 밑단을 봉합한다.

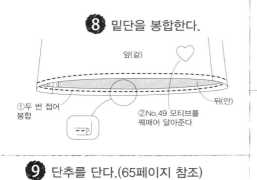

앞(겉)

뒤(안)

①두 번 접어 봉합

②No.49 모티브를 꿰매어 달아준다

⑨ 단추를 단다.(65페이지 참조)

---

② 뒤요크를 만든다.
(No.48·49)

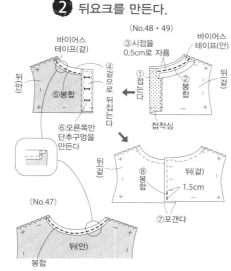

바이어스 테이프(겉)

③시접을 0.5cm로 자름

바이어스 테이프(안)

뒤(안) ⑤봉합

④겉으로 뒤집는다 ①접는다 ②봉합

뒤(겉)

접착심

⑥오른쪽만 단추구멍을 만든다

뒤(겉)

⑧봉합 뒤(겉) 1.5cm

⑦포갠다

(No.47)

봉합

뒤(안)

③ 절개선을 봉합한다.

①큰 땀으로 봉합

주름 끝점 앞(안) 주름 끝점

0.2cm 0.5cm

④2장을 함께 지그재그봉합 또는 오버록 통솔처리

②실을 당겨 주름을 잡는다

앞요크(겉) ③봉합

앞(안)

(No.47)

앞요크(겉)

⑤시접을 앞요크쪽으로 넘긴다

⑧봉합

레이스A(겉)

⑥봉합 ⑦접는다 앞(겉)

(No.48·49)

레이스A(겉)

앞요크(겉) 넘긴다 앞요크쪽으로 ⑤시접을

⑥봉합 앞(겉)

No.48·49

⑦앞선을 따라 봉합한다

뒤요크(겉) 겉 뒤

②No.47의 뒤도 같은 모양으로 만든다

④ 어깨선을 봉합한다.

②가름솔을 한다

뒤요크(겉)

①봉합

앞요크

⑧시침질해준다

봉합의 시작과 끝은 되돌아박기를 합니다.

● 봉합 시작 전에 ●
①점착심을 붙인다.(No.48·49)
②옆·어깨·소매아래의 원단 끝에 지그재그봉제 또는 오버록 처리를 한다.

① 앞요크를 만든다.
(No.47)

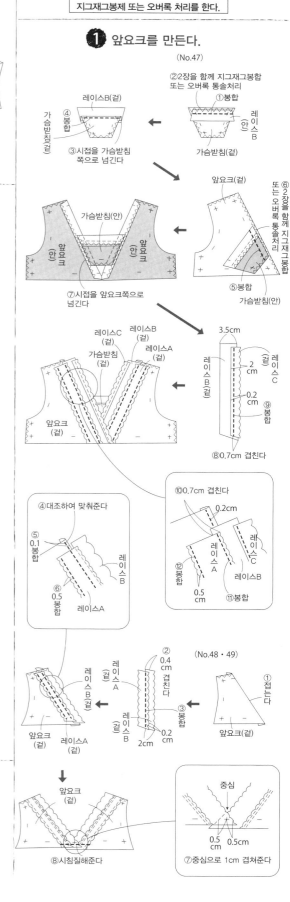

②2장을 함께 지그재그봉합 또는 오버록 통솔처리

레이스B(겉) ①봉합

④봉합 레이스B(안)

가슴받침(겉)

③시접을 가슴받침쪽으로 넘긴다 가슴받침(겉)

가슴받침(안)

앞요크(안) 앞요크(안)

⑥2장을 함께 지그재그봉합 또는 오버록 통솔처리

⑤봉합 가슴받침(겉)

⑦시접을 앞요크쪽으로 넘긴다

레이스C(겉) 레이스B(겉)

가슴받침(겉) 레이스A(겉)

앞요크(겉)

3.5cm

레이스B(겉) 2cm 레이스C(겉) 0.2cm

⑨봉합

⑧0.7cm 겹친다

④대조하여 맞춰준다

⑤0.1봉합

⑥0.5봉합 레이스A

레이스B

⑩0.7cm 겹친다 0.2cm

⑫봉합 0.5cm 레이스A ⑪봉합 레이스C 레이스B

(No.48·49)

②0.4cm 겹친다

레이스A(겉) 레이스B(겉)

③봉합

앞요크(겉) 레이스A(겉) 레이스B 2cm 0.2cm

①접는다

앞요크(겉)

앞요크(겉)

중심

0.5 0.5cm

⑦중심으로 1cm 겹쳐준다

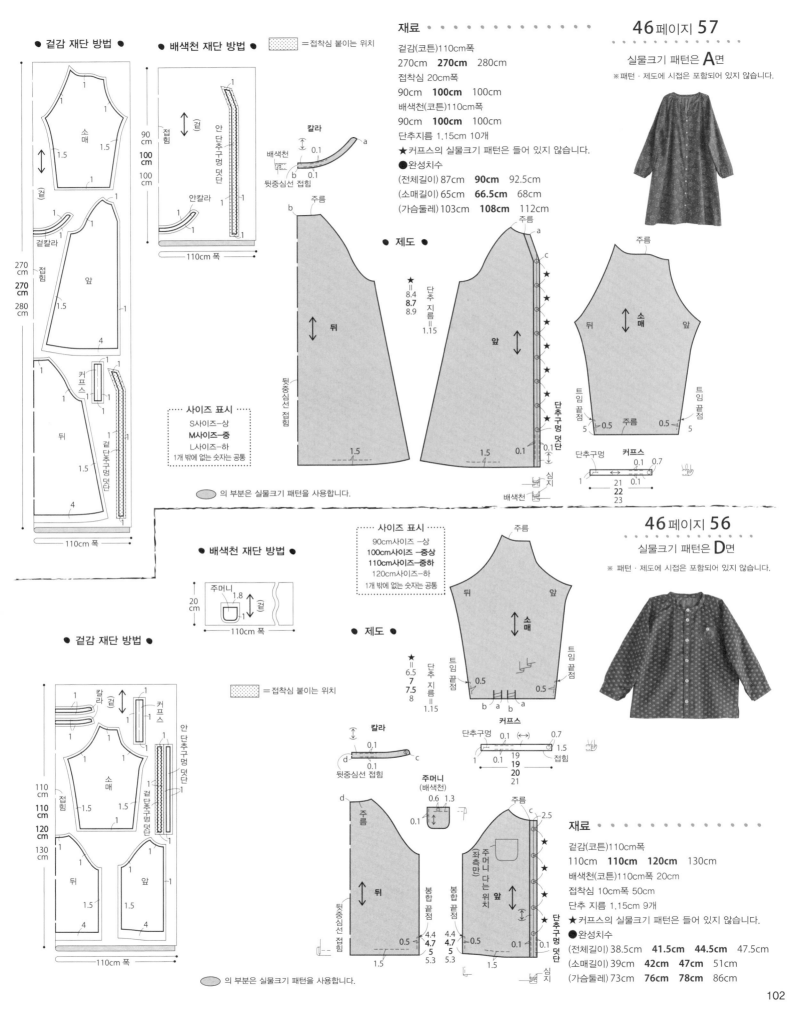

● 겉감 재단 방법 ●

● 배색천 재단 방법 ●

⠿ =접착심 붙이는 위치

재료

겉감(코튼)110cm폭
270cm **270cm** 280cm
접착심 20cm폭
90cm **100cm** 100cm
배색천(코튼)110cm폭
90cm **100cm** 100cm
단추지름 1.15cm 10개
★커프스의 실물크기 패턴은 들어 있지 않습니다.

●완성치수
(전체길이) 87cm **90cm** 92.5cm
(소매길이) 65cm **66.5cm** 68cm
(가슴둘레) 103cm **108cm** 112cm

46페이지 57

실물크기 패턴은 A면

※ 패턴 · 제도에 시접은 포함되어 있지 않습니다.

소매 1.5 1.5
걸 1.5 1

겉칼라

접힘

270 **270** 280 cm

앞 1.5 1

커프스 1 1 4

뒤 1.5 4

─110cm 폭─

90 **100** 100 cm

안 단추구멍 덧단

안칼라

겉 단추구멍 덧단

─110cm 폭─

칼라

배색천
뒷중심선 접힘
0.1 0.1

● 제도 ●

주름

뒤

뒷중심선 접힘

★ =8.4 **8.7** 8.9

단추 지름 =1.15

1.5

┌ 사이즈 표시 ┐
S사이즈─상
M사이즈─중
L사이즈─하
1개 밖에 없는 숫자는 공통

주름 a

앞

c

단추구멍 덧단

0.1

심지

배색천

1.5 4

뒤 소매 앞

주름

5 0.5 틈임끝점 틈임끝점 0.5 5

단추구멍 **커프스** 0.1 0.7

1 21 **22** 23 0.1

⬭ 의 부분은 실물크기 패턴을 사용합니다.

● 배색천 재단 방법 ●

20 cm

주머니 1.8 걸 1

─110cm 폭─

● 겉감 재단 방법 ●

⠿ =접착심 붙이는 위치

┌ 사이즈 표시 ┐
90cm사이즈 ─상
100cm사이즈 ─중상
110cm사이즈─중하
120cm사이즈─하
1개 밖에 없는 숫자는 공통

칼라 걸

소매 1.5 1.5

커프스

접힘

겉 단추구멍 덧단

안 단추구멍 덧단

110 **110** 120 130 cm

뒤 1.5 4

앞 1.5 4

─110cm 폭─

● 제도 ●

주름

뒤 앞

소매

★ =6.5 **7** **7.5** 8

단추 지름 =1.15

틈임끝점 0.5

틈임끝점 0.5

b a b a

칼라

d c

뒷중심선 접힘

0.1 0.1

주머니 (배색천)

0.6 1.3
0.1

커프스

단추구멍 0.1 0.7

1 19 **19** **20** 21 1.5 접힘 0.1

46페이지 56

실물크기 패턴은 D면

※ 패턴 · 제도에 시접은 포함되어 있지 않습니다.

d

주름

뒤

뒷중심선 접힘

봉합 끝점

0.5 4.4 **4.7** 5 5.3

1.5

주름 c 2.5

주머니 다는 위치 (좌측만)

앞

★

★

★

★

단추구멍 덧단

봉합 끝점

0.5 4.4 **4.7** 5 5.3 0.1 0.1

심지

1.5

재료

겉감(코튼)110cm폭
110cm **110cm** **120cm** 130cm
배색천(코튼)110cm폭 20cm
접착심 10cm폭 50cm
단추 지름 1.15cm 9개
★커프스의 실물크기 패턴은 들어 있지 않습니다.

●완성치수
(전체길이) 38.5cm **41.5cm** **44.5cm** 47.5cm
(소매길이) 39cm **42cm** **47cm** 51cm
(가슴둘레) 73cm **76cm** **78cm** 86cm

⬭ 의 부분은 실물크기 패턴을 사용합니다.

❼ 소매를 단다.

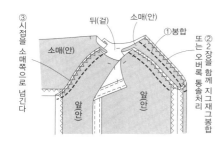

③ 시접을
소매
쪽으로
넘긴다

뒤(겉)   소매(안)   ①봉합
소매(안)   또는
②2장을 함께 오버록 통솔처리
또는 2장을 함께 지그재그봉합
앞안   앞안

❽ 칼라를 만들어 단다.

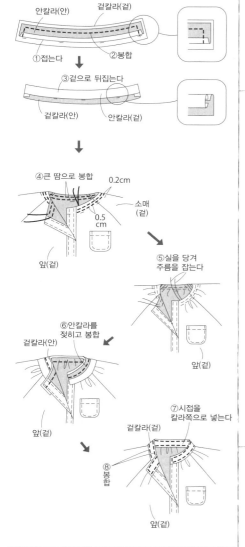

안칼라(안)   겉칼라(겉)
①접는다   ②봉합
③겉으로 뒤집는다
겉칼라(안)   안칼라(겉)

④큰 땀으로 봉합   0.2cm
소매(겉)
0.5cm
앞(겉)

⑤실을 당겨 주름을 잡는다

⑥안칼라를 젖히고 봉합
겉칼라(안)
겉칼라(겉)
앞(겉)   앞(겉)

⑦시접을 칼라쪽으로 넣는다
겉칼라(겉)
⑧봉합
앞(겉)

❾ 단추구멍을 만들고, 단추를 단다.

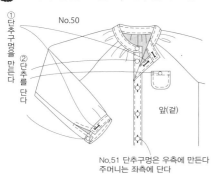

No.50
①단추구멍을 만든다
②단추를 단다
앞(겉)

No.51 단추구멍은 우측에 만든다
주머니는 좌측에 단다

❹ 단추구멍 덧단을 만들어 단다.

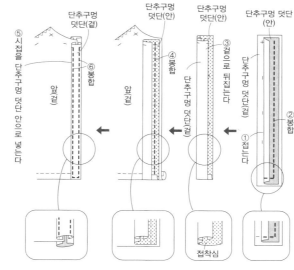

단추구멍 덧단(겉)   단추구멍 덧단(안)   단추구멍 덧단(안)   단추구멍 덧단(겉)
⑤시접을 단추구멍 덧단 안으로 넣는다
⑥봉합   ④봉합
앞(겉)   앞(겉)
겉으로 뒤집는다
단추구멍 덧단(겉)
②봉합
①접는다
접착심

❺ 소매를 만든다.

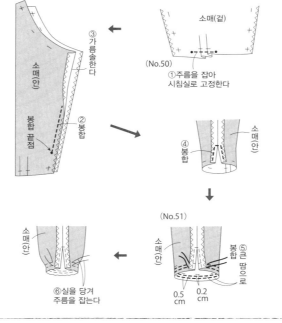

소매(안)   소매(겉)   (No.50)
③가름솔을 한다
봉합 끝점   ②봉합
①주름을 잡아 시침실로 고정한다

소매(안)   ④봉합
봉합
(No.51)
소매(안)   소매(안)
⑤큰 땀으로   봉합
0.5cm   0.2cm
⑥실을 당겨 주름을 잡는다

❻ 커프스를 만들어 달아준다.

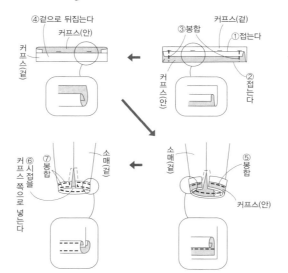

④겉으로 뒤집는다
커프스(안)   커프스(겉)
③봉합   ①접는다
커프스(겉)   커프스(안)   ②접는다

소매(겉)   소매(겉)
⑥시접을 커프스 쪽으로 넣는다   ⑦봉합   ⑤봉합
커프스(안)

56·57의 만드는 방법

봉합의 시작과 끝은 되돌아박기를 합니다.

● 봉합 시작 전에 ●
①접착심을 붙인다.
②옆·소매아래·주머니 입구(No.50)의 원단 끝에 지그재그봉제 또는 오버록 처리를 한다.

❶ 주머니를 만들어 단다.(No.50)

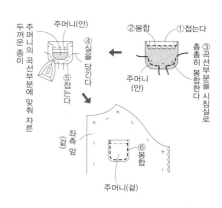

두꺼운 종이   주머니(안)   ②봉합   ①접는다
주머니의 곡선부분에 맞춰 자른   ④실을 당긴다   ③곡선부분을 촘촘히 봉합한다 시침실로
주머니(안)   ⑤접는다
주머니(겉)

좌측 앞   ⑥봉합
주머니(겉)

❷ 옆선을 봉합한다.

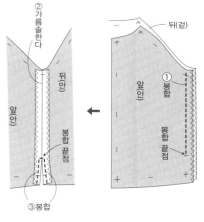

②가름솔을 한다
뒤(겉)   뒤(안)   앞(겉)
앞(안)   ①봉합
봉합 끝점
③봉합

No.51은 밑단 끝까지 봉합한다

❸ 밑단을 봉합한다.

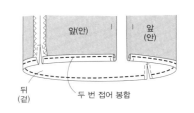

앞(안)   앞(안)
뒤(겉)   두 번 접어 봉합

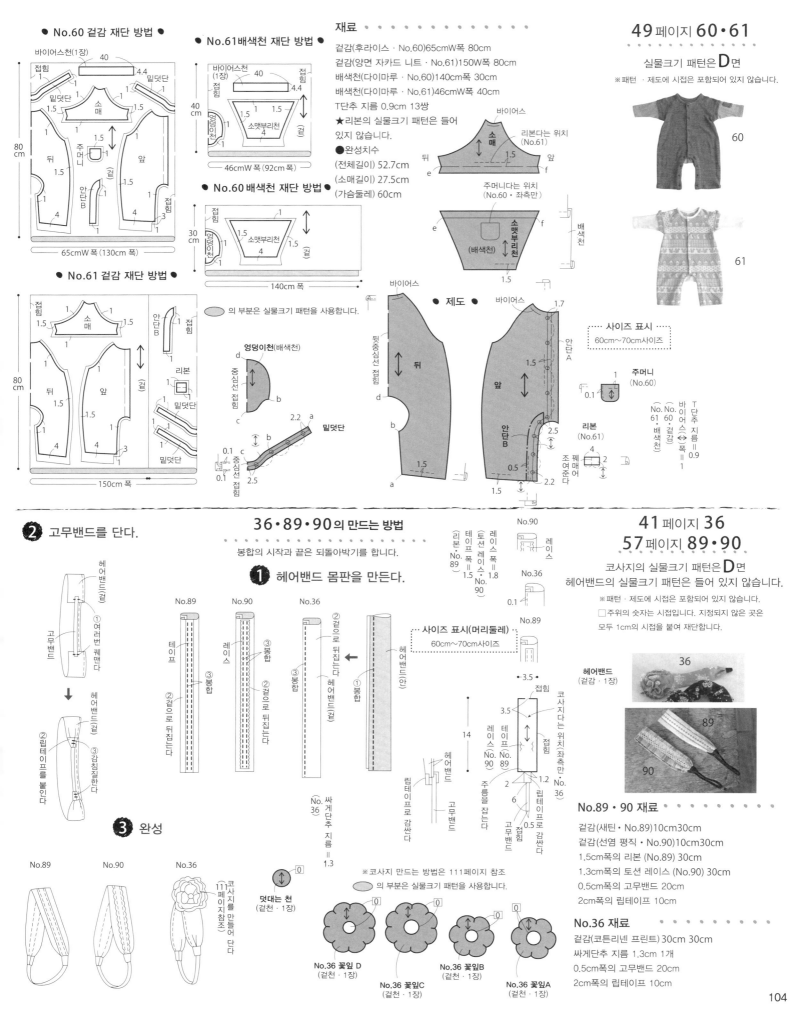

● No.60 겉감 재단 방법 ●
바이어스천(1장)
접힘
밑덧단
소매
뒤
주머니
앞
안단B
65cmW 폭 (130cm 폭)

● No.61배색천 재단 방법 ●
바이어스천(1장)
접힘
엉덩이천
소맷부리천
46cmW 폭 (92cm 폭)

● No.60 배색천 재단 방법 ●
접힘
엉덩이천
소맷부리천
140cm 폭

● No.61 겉감 재단 방법 ●
접힘
소매
안단B
접힘
뒤
앞
리본
밑덧단
밑덧단
150cm 폭

의 부분은 실물크기 패턴을 사용합니다.

재료
겉감(후라이스·No.60)65cmW폭 80cm
겉감(양면 자카드 니트·No.61)150W폭 80cm
배색천(다이마루·No.60)140cm폭 30cm
배색천(다이마루·No.61)46cmW폭 40cm
T단추 지름 0.9cm 13쌍
★리본의 실물크기 패턴은 들어 있지 않습니다.
●완성치수
(전체길이) 52.7cm
(소매길이) 27.5cm
(가슴둘레) 60cm

바이어스
소매
리본다는 위치(No.61)
뒤
앞
주머니다는 위치(No.60·좌측만)
소맷부리천(배색천)

● 제도 ●
바이어스
뒷중심선 접힘
뒤
바이어스
안단A
앞
안단B
리본(No.61)
조여 맨다
주머니(No.60)
엉덩이천(배색천)
중심선 접힘
밑덧단
중심선 접힘

No.61 겉감 / No.60 배색천
바이어스 / 폭=1
T단추 지름=0.9

49 페이지 60·61
실물크기 패턴은 D면
※패턴·제도에 시접은 포함되어 있지 않습니다.

60
61

사이즈 표시
60cm~70cm사이즈

---

② 고무밴드를 단다.

36·89·90의 만드는 방법
봉합의 시작과 끝은 되돌아박기를 합니다.

① 헤어밴드 몸판을 만든다.

No.89 No.90 No.36

테이프
레이스
봉합
겉으로 뒤집는다
봉합

사이즈 표시(머리둘레)
60cm~70cm사이즈

헤어밴드(안)
헤어밴드(겉)
립테이프로 감싼다
고무밴드

헤어밴드(겉)
여러번 꿰맨다
고무밴드
립테이프를 붙인다

③ 완성

No.89 No.90 No.36

덧대는 천
(겉천·1장)

싸게단추 지름=1.3

No.36 꽃잎 D (겉천·1장)
No.36 꽃잎C (겉천·1장)
No.36 꽃잎B (겉천·1장)
No.36 꽃잎A (겉천·1장)

※코사지 만드는 방법은 111페이지 참조
의 부분은 실물크기 패턴을 사용합니다.

레이스폭·No.89
토션레이스폭·No.90
테이프폭·No.89·No.90
리본폭·No.89

접힘
코사지다는 위치 좌측만·No.36
테이프 No.89
레이스 No.90
립테이프로 감싼다
헤어밴드
주름을 잡는다
고무밴드

코사지를 만들어 단다
111페이지 참조

41 페이지 36
57 페이지 89·90
코사지의 실물크기 패턴은 D면
헤어밴드의 실물크기 패턴은 들어 있지 않습니다.

※패턴·제도에 시접은 포함되어 있지 않습니다.
□주위의 숫자는 시접입니다. 지정되지 않은 곳은
모두 1cm의 시접을 붙여 재단합니다.

헤어밴드 (겉감·1장)

36
89
90

No.89·90 재료
겉감(새틴·No.89)10cm30cm
겉감(선염 평직·No.90)10cm30cm
1.5cm폭의 리본 (No.89) 30cm
1.3cm폭의 토션 레이스 (No.90) 30cm
0.5cm폭의 고무밴드 20cm
2cm폭의 립테이프 10cm

No.36 재료
겉감(코튼리넨 프린트)30cm 30cm
싸게단추 지름 1.3cm 1개
0.5cm폭의 고무밴드 20cm
2cm폭의 립테이프 10cm

⑧ 밑단을 봉합한다.

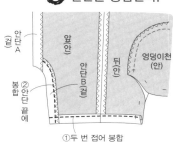

- 안단A (겉)
- 앞(안)
- 안단B(겉)
- 뒤(안)
- 엉덩이천(안)
- ②안단 끝에
- 봉합
- ①두 번 접어 봉합

⑨ 밑덧단을 단다.

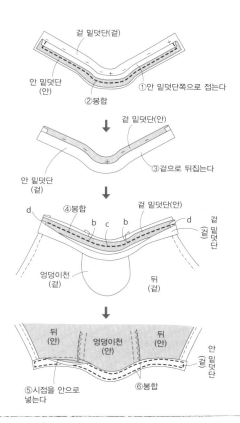

- 겉 밑덧단(겉)
- 안 밑덧단(안)
- ②봉합
- ①안 밑덧단쪽으로 접는다
- 겉 밑덧단(안)
- ③겉으로 뒤집는다
- 안 밑덧단(겉)
- ④봉합
- 겉 밑덧단(안)
- d b c b d
- 겉 밑덧단(겉)
- 엉덩이천(겉)
- 뒤(겉)
- 뒤(안)
- 엉덩이천(안)
- 뒤(안)
- 안 밑덧단(겉)
- ⑤시접을 안으로 넣는다
- ⑥봉합

⑩ 리본을 만든다.(No.61만)

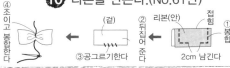

- ④조이고 봉합한다
- (겉)
- ②뒤집어 준다
- 리본(안)
- 접힘
- ①봉합
- ③공그르기한다
- 2cm 남긴다

⑪ T단추를 단다.

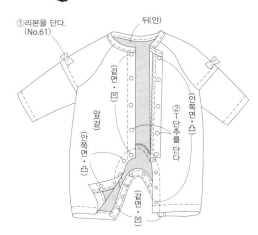

- ①리본을 단다.(No.61)
- 뒤(안)
- (겉면·凹)
- (안쪽면·凸)
- 앞(겉)
- ②T단추를 단다
- (안쪽면·凹)
- (겉면·凸)
- ③가름솔을 한다

④ 소매를 만든다.

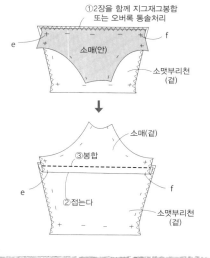

- ①2장을 함께 지그재그봉합 또는 오버록 통솔처리
- e
- 소매(안)
- f
- 소맷부리천(겉)
- 소매(겉)
- ③봉합
- e
- ②접는다
- f
- 소맷부리천(겉)

⑤ 소매를 단다.

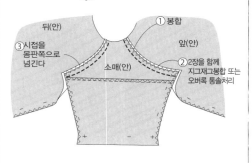

- 뒤(안)
- ①봉합
- 앞(안)
- ③시접을 몸판쪽으로 넘긴다
- 소매(안)
- ②2장을 함께 지그재그봉합 또는 오버록 통솔처리

⑥ 옷깃둘레를 봉합한다.

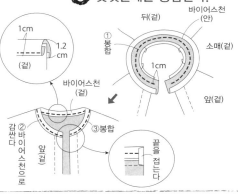

- 1cm
- 1.2cm
- (겉)
- 뒤(겉)
- 바이어스천(안)
- ①봉합
- 소매(겉)
- 1cm
- 바이어스천(겉)
- 앞(겉)
- ②바이어스천으로 감싼다
- ③봉합
- 끝을 접는다

⑦ 소매아래선부터 이어서 옆선을 봉합한다.

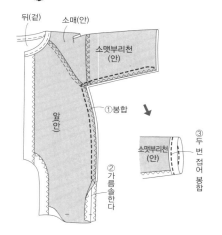

- 뒤(겉)
- 소매(안)
- 소맷부리천(안)
- 앞(안)
- ①봉합
- 소맷부리천(안)
- ③두 번 접어 봉합
- ②가름솔을 한다

① 밑위에 엉덩이천을 단다.

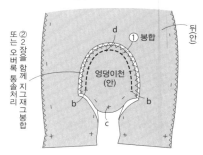

- ②2장을 함께 지그재그봉합 또는 오버록 통솔처리
- 뒤(안)
- d
- ①봉합
- 엉덩이천(안)
- b b
- c

② 안단을 단다.

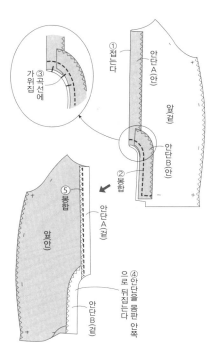

- ①접는다
- 안단A(안)
- 앞(겉)
- 안단B(안)
- ③가위집
- 곡선에
- ②봉합
- ⑤봉합
- 앞(안)
- 안단A(겉)
- ④으로 안단을 몸판 안쪽으로 뒤집는다
- 안단B(겉)

③ 주머니를 만들어 단다.(No.60만)

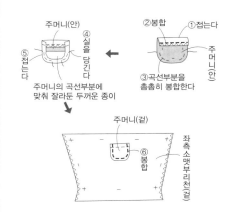

- 주머니(안)
- ②봉합
- ①접는다
- 주머니(안)
- ④실을 당긴다
- ⑤접는다
- ③곡선부분을 촘촘히 봉합한다
- 주머니의 곡선부분에 맞춰 잘라둔 두꺼운 종이
- 주머니(겉)
- ⑥봉합
- 좌측 소맷부리천(겉)

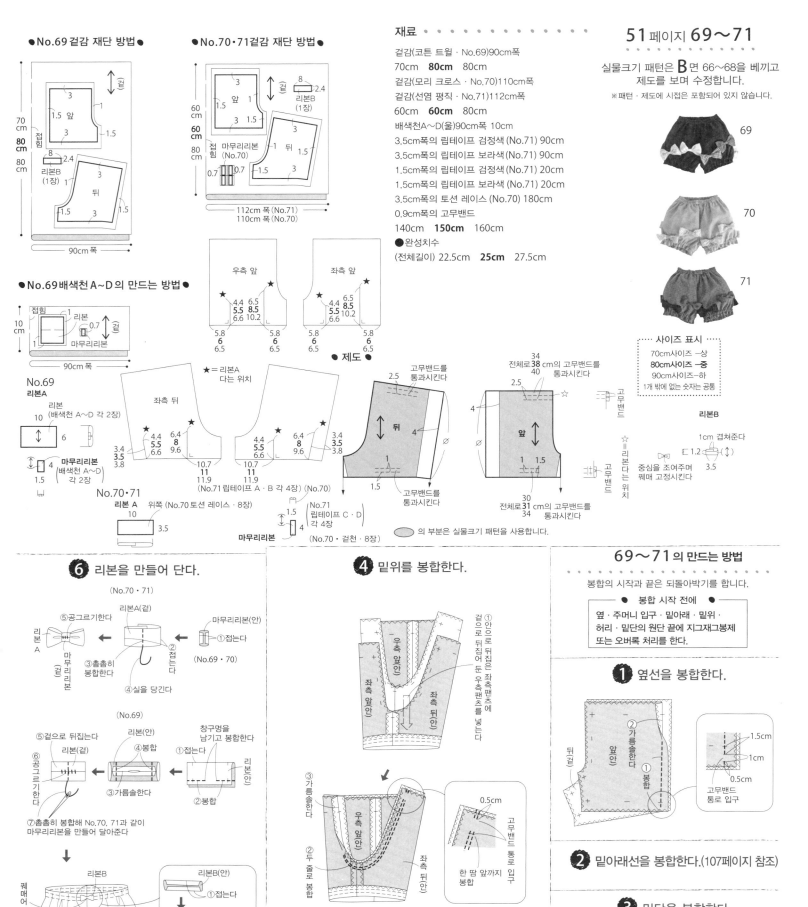

●No.69 겉감 재단 방법●

70 80 cm 80cm

90cm 폭

●No.70·71겉감 재단 방법●

60 60 cm 80cm

112cm 폭(No.71)
110cm 폭(No.70)

●No.69배색천 A~D의 만드는 방법●

10 cm

90cm 폭

재료

겉감(코튼 트윌 · No.69)90cm폭
70cm **80cm** 80cm
겉감(모리 크로스 · No.70)110cm폭
겉감(선염 평직 · No.71)112cm폭
60cm **60cm** 80cm
배색천A~D(울)90cm폭 10cm
3.5cm폭의 립테이프 검정색 (No.71) 90cm
3.5cm폭의 립테이프 보라색 (No.71) 90cm
1.5cm폭의 립테이프 검정색 (No.71) 20cm
1.5cm폭의 립테이프 보라색 (No.71) 20cm
3.5cm폭의 토션 레이스 (No.70) 180cm
0.9cm폭의 고무밴드
140 **150cm** 160cm
●완성치수
(전체길이) 22.5cm **25cm** 27.5cm

51 페이지 69~71

실물크기 패턴은 **B**면 66~68을 베끼고
제도를 보며 수정합니다.
※패턴 · 제도에 시접은 포함되어 있지 않습니다.

69
70
71

─ 사이즈 표시 ─
70cm사이즈 ─상
80cm사이즈 ─중
90cm사이즈─하
1개 밖에 없는 숫자는 공통

의 부분은 실물크기 패턴을 사용합니다.

69~71의 만드는 방법

봉합의 시작과 끝은 되돌아박기를 합니다.

● 봉합 시작 전에 ●
옆 · 주머니 입구 · 밑아래 · 밑위 ·
허리 · 밑단의 원단 끝에 지그재그봉제
또는 오버록 처리를 한다.

❶ 옆선을 봉합한다.

❷ 밑아래선을 봉합한다.(107페이지 참조)

❸ 밑단을 봉합한다.

❻ 리본을 만들어 단다.

❹ 밑위를 봉합한다.

❺ 허리를 봉합하고, 고무밴드를 통과시킨다.
(107페이지 참조)

106

∴ 사이즈 표시 ∴
70cm사이즈 —상
80cm사이즈 —중
90cm사이즈 —하
1개 밖에 없는 숫자는 공통

의 부분은 실물크기의 패턴을 사용합니다.

● 겉감 재단 방법 ●

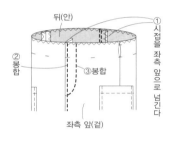

60cm
60cm
70cm

110cm 폭 (No.68)
112cm 폭 (No.66 · 67)

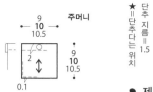

9
10
10.5

주머니

9
10
10.5

2

0.1

★ ＝단추 지름＝1.5
단추 다는 위치

● 제도 ●

고무밴드를 통과시킨다

2.5
0.1
뒤
0.5
뒤커프스
0.5

34
전체로 **38** cm 의 고무밴드를 통과시킨다
40
2.5
앞
0.1
위치 주머니다는
0.5
앞커프스
0.5

장식 스티치
3
12
12.5
13
2
0.1
좌측 앞
고무밴드

재료

겉감(워싱 체크 · No.66)112cm폭
겉감(코튼리넨 혼방 · No.67)112cm폭
겉감(코튼 폴리에스테르 혼방 · No.68)110cm폭
60cm **60cm** 70cm
0.9cm폭의 고무밴드
75cm **80cm** 85cm
단추 지름 1.5cm 2개
★주머니의 실물크기 패턴은 들어 있지 않습니다.
●완성치수
(전체길이) 25cm **28cm** 31cm

50 페이지 66~68

실물크기 패턴은 **B**면
※패턴 · 제도에 시접은 포함되어 있지 않습니다.

67   66

68

66~68의 만드는 방법

봉합의 시작과 끝은 되돌아박기를 합니다.

● 봉합 시작 전에 ●
옆 · 주머니 입구 · 안단의 원단 끝에
지그재그봉제 또는 오버록 처리를 한다.

❶ 옆선을 봉합한다.

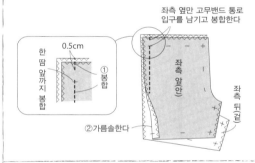

❷ 주머니를 만들어 단다.

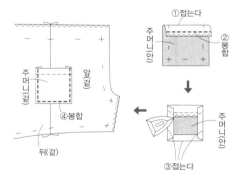

❸ 밑아래선을 봉합한다.

---

❻ 장식 스티치를 한다.

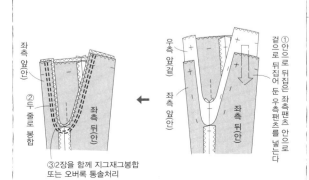

❼ 허리를 봉합한다.

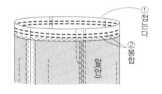

❽ 고무밴드를 통과시키고, 단추를 단다.

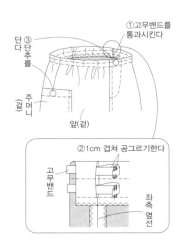

---

❹ 커프스를 만들어 단다.

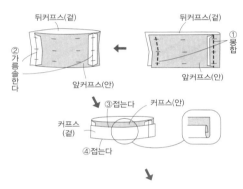

❺ 밑위를 봉합한다.

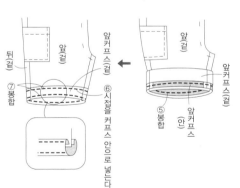

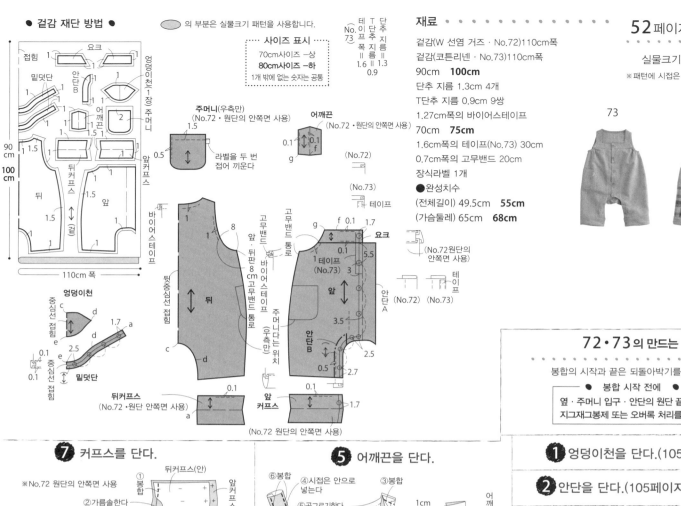

● 겉감 재단 방법 ●

의 부분은 실물크기 패턴을 사용합니다.

사이즈 표시
70cm사이즈 −상
80cm사이즈 −하
1개 밖에 없는 숫자는 공통

재료
겉감(W 선염 거즈 · No.72)110cm폭
겉감(코튼리넨 · No.73)110cm폭
90cm **100cm**
단추 지름 1.3cm 4개
T단추 지름 0.9cm 9쌍
1.27cm폭의 바이어스테이프
70cm **75cm**
1.6cm폭의 테이프(No.73) 30cm
0.7cm폭의 고무밴드 20cm
장식라벨 1개
● 완성치수
(전체길이) 49.5cm **55cm**
(가슴둘레) 65cm **68cm**

52페이지 72·73

실물크기 패턴은 **C**면
※ 패턴에 시접은 포함되어 있지 않습니다.

73   72

72·73의 만드는 방법

봉합의 시작과 끝은 되돌아박기를 합니다.

● 봉합 시작 전에 ●
옆 · 주머니 입구 · 안단의 원단 끝에
지그재그봉제 또는 오버록 처리를 한다.

❼ 커프스를 단다.

※No.72 원단의 안쪽면 사용

❽ 밑덧단을 단다.(105페이지 참조)

❾ 단추를 단다.

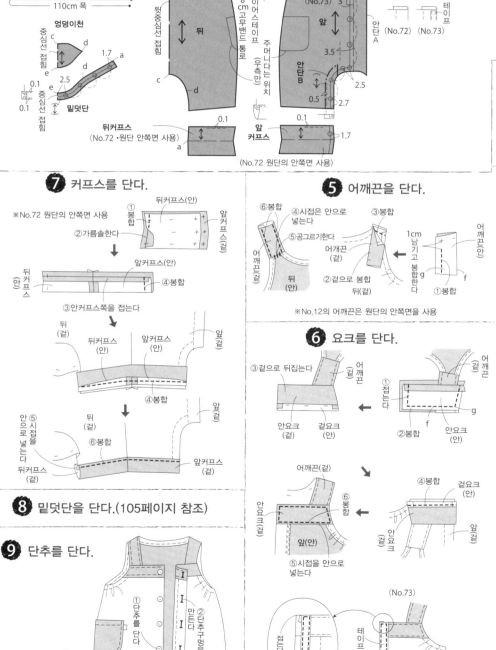

❺ 어깨끈을 단다.

※No.12의 어깨끈은 원단의 안쪽면을 사용

❻ 요크를 단다.

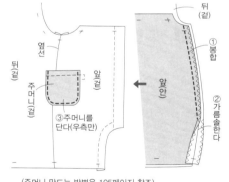

※No.72의 요크는 원단의 안쪽면을 사용

❶ 엉덩이천을 단다.(105페이지 참조)

❷ 안단을 단다.(105페이지 참조)

❸ 옆선을 봉합하고, 주머니를 단다.

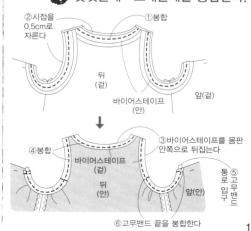

(주머니 만드는 방법은 105페이지 참조)
※ No.72는 원단의 안쪽면을 겉으로 해서 사용

❹ 옷깃둘레 · 소매둘레를 봉합한다.

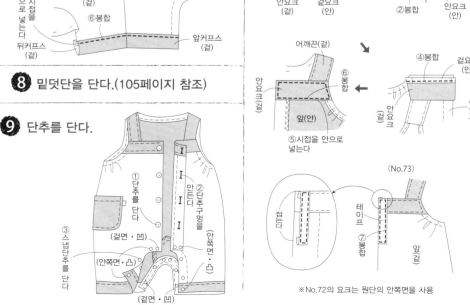

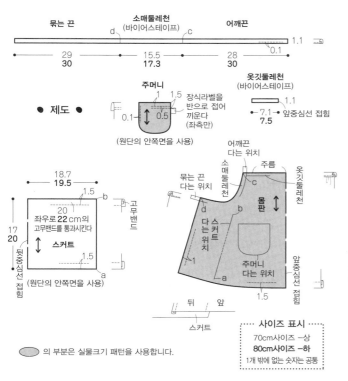

묶는 끈　소매둘레천　어깨끈
　　　　　(바이어스테이프)
d　　　　c
1.1

29　　　15.5　　　28
30　　　17.3　　　30
0.1

● 제도 ●

주머니
1　1.5
0.1　0.5
장식라벨을
반으로 접어
끼운다
(좌측만)
(원단의 안쪽면을 사용)

옷깃둘레천
(바이어스테이프)
1.1
7.1
7.5
앞중심선 접힘

18.7
19.5
1.5
b
고무밴드
20
좌우로 22cm의
고무밴드를 통과시킨다
스커트
17
20
1.5
뒷중심선 접힘
a
(원단의 안쪽면을 사용)

어깨끈
다는 위치
주름
묶는 끈
다는 위치
소매둘레천
옷깃둘레천
c
몸판
b
다는 위치
스커트
d
다는 위치
주머니
다는 위치
1
앞중심선 접힘
a
1.5

뒤　앞
스커트

◯ 의 부분은 실물크기 패턴을 사용합니다.

⋯⋯ 사이즈 표시 ⋯⋯
70cm사이즈 ―상
80cm 사이즈 ―하
1개 밖에 없는 숫자는 공통

재료 ● ⋯⋯⋯⋯⋯⋯⋯⋯⋯⋯⋯⋯⋯⋯
겉감(코튼리넨 프린트 · No.74)110cm폭 70cm
겉감(W 선염 거즈 · No.75)110cm폭 70cm
1.1cm폭의 바이어스테이프
170cm **180cm**
장식라벨 1장
1cm폭의 고무밴드 25cm
★ 묶는 끈 · 소매둘레천 · 스커트 · 옷깃둘레천의
실물크기 패턴은 들어 있지 않습니다.
● 완성치수
(앞 전체길이) 29.7cm **34cm**

53 페이지 **74 · 75**
실물크기 패턴은 **A**면
※ 패턴 · 제도에 시접은 포함되어 있지 않습니다.
75　　　74

● 겉감 재단 방법

겉
70cm
주머니
1
스커트
2
4
접힘
몸판
3
110cm폭

● **74 · 75**의 만드는 방법
봉합의 시작과 끝은 되돌아박기를 합니다.
● 봉합 시작전에 ●
옆 · 주머니 입구 · 허리의 원단 끝에
지그재그봉제 또는 오버록 처리를 한다.

---

5 스커트를 만든다.
(원단의 안쪽면을 겉으로 해서 만든다.)

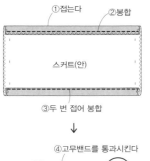

①접는다　②봉합
스커트(안)
③두 번 접어 봉합

④고무밴드를 통과시킨다
스커트(안)
⑤고정봉합

6 스커트를 단다.

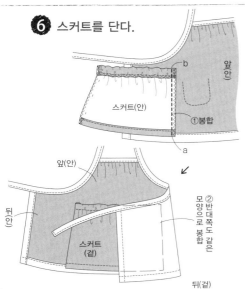

b
앞(안)
스커트(안)
①봉합
a

앞(안)
뒤(안)
스커트(겉)
②모양으로 반대쪽도 같음
뒤(겉)

---

3 뒷단 · 밑단을 만든다.

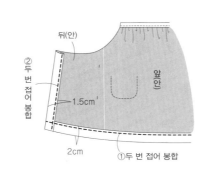

뒤(안)
②두 번 접어 봉합
1.5cm
앞(안)
2cm
①두 번 접어 봉합

4 소매둘레천을 단다.

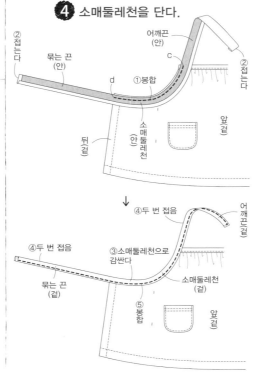

②접는다
묶는 끈(안)
어깨끈(안)
c
①봉합
d
소매둘레천(안)
②접는다
뒤(겉)
앞(겉)

④두 번 접음
어깨끈(겉)
③소매둘레천으로 감싼다
묶는 끈(겉)
소매둘레천(겉)
⑤봉합
앞(겉)

---

1 주머니를 만들어 단다.
(주머니는 원단의 안쪽면을 겉으로 해서 만든다.)

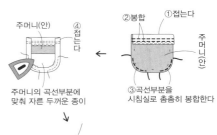

②봉합　①접는다
주머니(안)　주머니(안)
④접는다
주머니의 곡선부분에
맞춰 자른 두꺼운 종이
③곡선부분을
시침실로 촘촘히 봉합한다

주머니(겉)
앞(겉)
⑤봉합
장식라벨을 끼운다(좌측만)

2 옷깃둘레천을 단다.

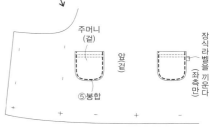

0.5cm
①큰 땀으로 봉합
0.5cm
앞(겉)
②실을 당겨 옷깃둘레천의
사이즈만큼 주름을 잡는다
③봉합
앞(겉)
옷깃둘레천(안)
④옷깃둘레천으로 감싼다
옷깃둘레천(겉)
앞(겉)
⑤봉합

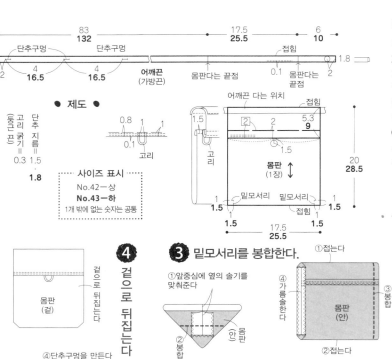

83 132 **17.5** 25.5 **6** 10 1.8

단추구멍 단추구멍 접힘
2 **4** 16.5 **4** 16.5 어깨끈 몸판다는 끝점 0.1 몸판다는 끝점 2
(가방끈)

● 제도 ●

어깨끈 다는 위치 접힘
0.8 1 1 1.5 2 2 5.3
0.1 1 9
고리 1.5

고리 ② 1.5
(둥근끈굵기)=0.3 (단추지름)=1.5 **1.8**

사이즈 표시
No.42─상
No.43─하
1개 밖에 없는 숫자는 공통

몸판 (1장) ↕

20 **28.5**

1 밑모서리 밑모서리 1
1.5 1.5 접힘 1.5 **1.5**
1.5 **1.5**
17.5
25.5

재료

겉감(코튼 폴리에스테르 혼방)
20cm 폭 50cm **30cm 폭 70cm**
3.6cm폭의 가방끈
110cm **170cm**
굵기 0.3cm의 둥근 끈 10cm
단추 지름 1.5cm 2개 **1.8cm 2개**

● 완성치수
세로19cm × 가로 15.5cm × 밑모서리 2cm
세로 27cm × 가로 22.5cm × 밑모서리 3cm

42 · 43의 만드는 방법

봉합의 시작과 끝은 되돌아박기를 합니다.

42 페이지 **42 · 43**

실물크기 패턴은 들어 있지 않습니다.
※패턴 · 제도에 시접은 포함되어 있지않습니다.
□주위의 숫자는 시접입니다. 지정되지 않은 곳은 모두 1cm의 시접을 붙여 재단합니다.

① 가방 입구를 봉합한다.

①두 번 접음
②둥근 끈을 끼운다
③봉합

몸판 (안)

⑤봉합
④접는다

② 옆선을 봉합한다.

①접는다
몸판 (안)
④가름솔한다 ③봉합
②접는다

③ 밑모서리를 봉합한다.

①앞중심에 옆의 솔기를 맞춰준다
①
②봉합 몸판 (안)

④ 겉으로 뒤집는다

겉으로 뒤집는다

몸판 (겉)

④단추구멍을 만든다

어깨끈 (겉)
몸판 (겉)
⑤단추를 단다

⑤ 어깨끈을 단다.

②몸판을 끼운다 ①어깨끈을 두 번 접음
③봉합
몸판 (겉)

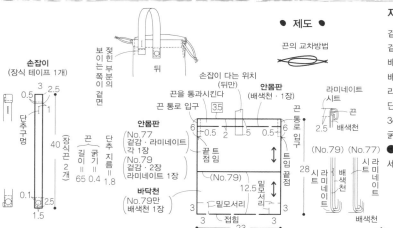

손잡이 (장식 테이프 1개)
3 2.5
0.5
1
단추구멍
40 (장식끈 2개)
끈 길이=65 굵기=0.4
단추 지름=1.8
0.1 2.5
1.5

뒤
끈의 교차방법
끈의 교차방법

보이는 쪽이 겉면 젖힌 부분의 안쪽이 겉면

● 제도 ●

손잡이 다는 위치 (뒤만)
끈을 통과시킨다
끈 통로 입구 35
안몸판 (배색천 · 1장)
6 0.5 2 0.5 6
끝임 점임 끈 통로 입구
안몸판 (No.77 겉감 · 라미네이트 각 1장) (No.79 겉감 · 2장 라미네이트 1장)
(No.79) (No.77)
12.5 밑모서리
바닥천 (No.79만 배색천 1장)
3 밑모서리 3
3 접힘 3
23

라미네이트 시트
끈
2.5 배색천
끈 통로 입구
라미네이트 시트
배색천
28 시라트미네이트
배색천

재료

겉감(코튼리넨 프린트 · No.77)25cm폭 65cm
겉감(코튼리넨 · No.79)50cm폭 20cm
배색천(코튼리넨 프린트 · No.77)25cm폭 55cm
배색천(코튼리넨 · No.79)50cm폭 55cm
라미네이트 시트 25cm폭 65cm
단추 지름 1.8cm 1개
3cm폭의 장식 테이프 45cm
굵기 0.4cm의 장식끈 130cm

● 완성치수
세로 25cm × 가로 17cm × 밑모서리 6cm

54 페이지 **77 · 79**

실물크기 패턴은 들어 있지 않습니다.
※패턴 · 제도에 시접은 포함되어 있지 않습니다.
□주위의 숫자는 시접입니다. 지정되지 않은 곳은 모두 1cm의 시접을 붙여 재단합니다.

 79  77

77 · 79의 만드는 방법

봉합의 시작과 끝은 되돌아박기를 합니다.

① 겉몸판을 맞춰 봉합하고(No.79), 라미네이트 시트를 붙인다.

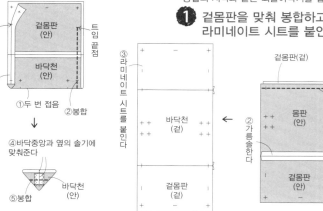

겉몸판(겉)
③라미네이트 시트를 붙인다
①봉합
몸판 (안)
②가름솔한다
바닥천 (겉)
겉몸판 (안)

② 겉몸판의 옆선을 봉합하고, 밑모서리를 봉합한다.(안몸판도 같은 모양)

틈임 끝점 틈임 끝점
겉몸판 (안)
바닥천 (안)
③가름솔한다 ①두 번 접음 ②봉합
④바닥중앙과 옆의 솔기에 맞춰준다
⑤봉합
바닥천 (안)

③ 주머니 입구를 봉합한다.

①겉몸판을 안으로 넣는다
②
②봉합
안몸판 (겉)
↓
③두 번 접어 봉합
안몸판 (겉)

④ 손잡이를 달아 완성한다.

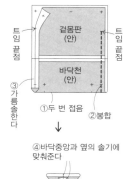

단추구멍
1cm 2.5cm
봉합

①손잡이를 단다
단추를 단다
1cm - 3cm
접는다 봉합

②끈을 통과시킨다

110

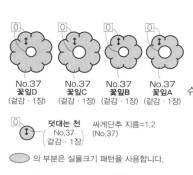

No.37 꽃잎D (겉감·1장)
No.37 꽃잎C (겉감·1장)
No.37 꽃잎B (겉감·1장)
No.37 꽃잎A (겉감·1장)

덧대는 천
No.37 (No.37)
겉감·1장

◯ 의 부분은 실물크기 패턴을 사용합니다.

41페이지 37
58 페이지 93·94

코사지의 실물크기 패턴은 D면
슈슈의 실물크기 패턴은 들어 있지 않습니다.

※패턴·제도에 시접은 포함되어 있지 않습니다.
□주위의 숫자는 시접입니다. 지정되지 않은 곳은 모두 1cm의 시접을 붙여 원단을 재단합니다.

◯ 의 부분은 실물크기 패턴을 사용합니다.

● 제도 ●

No.94 고무밴드

15cm의 고무밴드를 통과시킨다 접힘
슈슈(겉감·1장) ↕ 4.5
레이스(No.94) 봉봉 블레이드 (No.93)
1 0.1
40

No.93 고무밴드
봉봉 블레이드

레이스

다코사지위치

접힘 20cm의 고무밴드를 통과시킨다
슈슈(겉감·1장) ↕ No.37 5
53

37

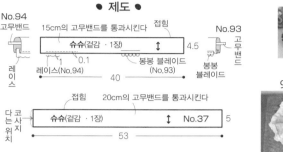
94   93

No.93·94 재료
겉감(울 체크·No.93)45cm폭 15cm
겉감(더블거즈 물방울프린트·No.94)45cm폭 15cm
0.5cm폭의 고무밴드 20cm
1cm폭의 봉봉 블레이드 45cm(No.93)
2cm폭의 코튼 레이스 45cm(No.94)

No.37재료
겉감(60수 코튼프린트)55cm폭 25cm
0.5cm폭의 고무밴드 25cm
싸게단추 1.2cm 1개

37·93·94 의 만드는 방법
봉합의 시작과 끝은 되돌아박기를 합니다.

❶ 슈슈를 맞춰서 봉합한다.

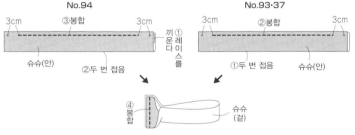
No.94
3cm ③봉합 3cm
끼운다 레이스를
슈슈(안) ②두 번 접음

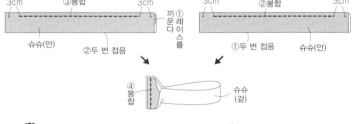
No.93·37
3cm ②봉합 3cm
①두 번 접음 슈슈(안)

④봉합 슈슈(겉)

❸ 창구멍을 공그르기한다.

공그르기한다
슈슈(겉)

❷ 고무밴드를 통과시킨다.

①고무밴드를 통과시킨다
슈슈(겉) ②묶는다 고무밴드를

❹ 마무리한다.

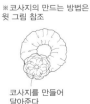
No.37
※코사지의 만드는 방법은 윗 그림 참조
코사지를 만들어 달아준다

No.94

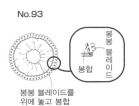
No.93
봉봉 블레이드 봉합
봉봉 블레이드를 위에 놓고 봉합

재료
겉감(리넨·No.97)25cm폭 15cm
겉감(코튼 프린트·No.98)45cm폭 20cm
배색천(리넨·No.97)25cm폭 20cm
싸게단추 지름 1.2cm 1개
브로치 핀(코사지 용) 1개

● 완성치수
약 8cm

◯ 의 부분은 실물크기 패턴을 사용합니다.

59 페이지 97·98

실물크기 패턴은 D면
※패턴에 시접은 포함되어 있지 않습니다.

98   97

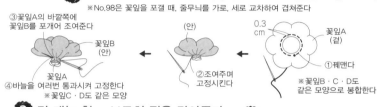

꽃잎D (No.97배색천·1장)(No.98겉감·1장)
꽃잎C (겉감·1장)
꽃잎B (No.97배색천·1장)(No.98겉감·1장)
꽃잎A (겉감·1장)

덧대는 천 (No.97배색천·1장)(No.98겉감·1장)
싸게단추 지름=1.2

97·98 의 만드는 방법
봉합의 시작과 끝은 되돌아박기를 합니다.

❶ 꽃잎을 한데 모아 합친다.(꽃잎C·D도 같은 모양으로 달아
※No.98은 꽃잎을 포갤 때, 줄무늬를 가로, 세로 교차하여 겹쳐준다

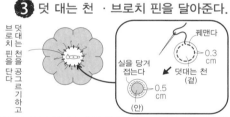
③꽃잎A의 바깥쪽에 꽃잎B를 포개어 조여준다
꽃잎B (안)
꽃잎A (안)
④바늘을 여러번 통과시켜 고정한다
※꽃잎C·D도 같은 모양
②조여주며 고정시킨다
0.3 cm 꽃잎A (겉)
①꿰맨다
※꽃잎B·C·D도 같은 모양으로 봉합한다

❸ 덧 대는 천·브로치 핀을 달아준다.

브로치 핀을 천을 공그르기하고 덧 대는 천을 단다

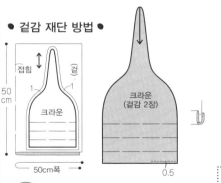
꿰맨다
0.3 cm
실을 당겨 접는다
덧대는 천 (겉)
0.5 cm
(안)

❷ 싸게단추를 단다.

중심에 싸게단추를 단다

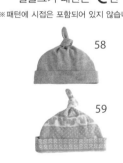
꽃잎D (겉)
A   C
B

재료
겉감(후라이스·No.58)50cm폭 50cm
겉감(양면 자카드 니트·No.59)50cm폭 50cm

● 겉감 재단 방법 ●

50 cm
접힘 겉
1 1
크라운
50cm폭

크라운 (겉감 2장)
0.5

◯ 의 부분은 실물크기 패턴을 사용합니다.

49페이지 58·59

실물크기 패턴은 C면
※패턴에 시접은 포함되어 있지 않습니다.

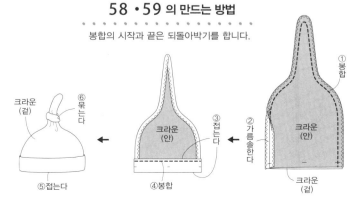
58
59

사이즈 표시(머리둘레)·
41~47cm사이즈

58·59 의 만드는 방법
봉합의 시작과 끝은 되돌아박기를 합니다.

크라운 (겉)
⑥묶는다
⑤접는다

크라운 (안)
③접는다
④봉합
크라운 (겉)

크라운 (안)
①봉합
②가름솔한다
크라운 (겉)

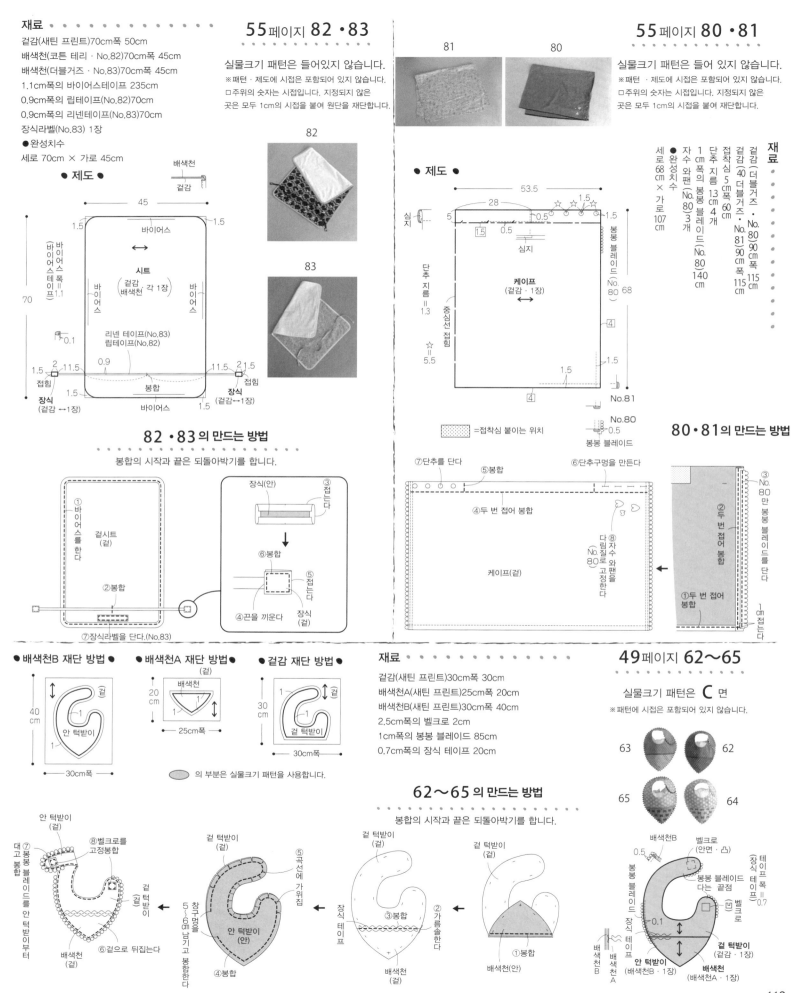

재료

겉감(새틴 프린트)70cm폭 50cm
배색천(코튼 테리 · No.82)70cm폭 45cm
배색천(더블거즈 · No.83)70cm폭 45cm
1.1cm폭의 바이어스테이프 235cm
0.9cm폭의 립테이프(No.82)70cm
0.9cm폭의 리넨테이프(No.83)70cm
장식라벨(No.83) 1장
● 완성치수
세로 70cm × 가로 45cm

● 제도 ●

배색천
겉감

45
1.5 / 1.5
바이어스
←
시트
(겉감 · 배색천 각 1장)
70
바이어스 / 바이어스
바이어스테이프=1.1
0.1
리넨 테이프(No.83)
립테이프(No.82)
1.5 2 11.5 0.9 11.5 2 1.5
접힘 / 접힘
장식 (겉감↔1장)
1.5 / 1.5
봉합
바이어스 1.5
장식 (겉감↔1장)

55페이지 82·83

실물크기 패턴은 들어있지 않습니다.
※패턴·제도에 시접은 포함되어 있지 않습니다.
□주위의 숫자는 시접입니다. 지정되지 않은
곳은 모두 1cm의 시접을 붙여 원단을 재단합니다.

82

83

82·83의 만드는 방법

봉합의 시작과 끝은 되돌아박기를 합니다.

① 바이어스를 한다
겉시트(겉)
② 봉합
⑦장식라벨을 단다.(No.83)

장식(안)
③접는다
⑥봉합
⑤접는다
④끈을 끼운다
장식(겉)

● 배색천B 재단 방법 ●
40cm
겉
안 턱받이
1 / 1
←30cm폭→

● 배색천A 재단 방법 ●
20cm
배색천(겉)
1 / 1
←25cm폭→

● 겉감 재단 방법 ●
30cm
1 / 1
겉 턱받이
겉
←30cm폭→

의 부분은 실물크기 패턴을 사용합니다.

81   80

55페이지 80·81

실물크기 패턴은 들어 있지 않습니다.
※패턴·제도에 시접은 포함되어 있지 않습니다.
□주위의 숫자는 시접입니다. 지정되지 않은
곳은 모두 1cm의 시접을 붙여 재단합니다.

재료

겉감(더블거즈 · No.80)90cm폭 60cm
겉감(더블거즈 · No.81)90cm폭 115cm
접착심 5cm폭 60cm
1cm폭의 봉봉 블레이드(No.80)3개
자수와 팬(No.80 · 81)140cm
단추지름 13cm 4개
● 완성치수
세로 68cm × 가로 107cm

● 제도 ●

심지
53.5
28
5 0.5
1.5 0.5
심지
☆ ☆ ☆ 1.5 1.5 ☆
봉봉 블레이드(No.80)
단추지름=1.3
케이프 (겉감 · 1장)
←→
68
중심선 접힘
4
1.5
☆=5.5
4
No.81
=접착심 붙이는 위치
No.80 0.5
봉봉 블레이드

80·81의 만드는 방법

⑦단추를 단다
⑤봉합
⑥단추구멍을 만든다
④두 번 접어 봉합
케이프(겉)
⑧다림질과 팬으로 고정한다 자수 No.80
③No.80만 봉봉 블레이드를 단다
②두 번 접어 봉합
①두 번 접어 봉합
접는다

재료

겉감(새틴 프린트)30cm폭 30cm
배색천A(새틴 프린트)25cm폭 20cm
배색천B(새틴 프린트)30cm폭 40cm
2.5cm폭의 벨크로 2cm
1cm폭의 봉봉 블레이드 85cm
0.7cm폭의 장식 테이프 20cm

49페이지 62~65

실물크기 패턴은 C면
※패턴에 시접은 포함되어 있지 않습니다.

63   62

65   64

62~65의 만드는 방법

봉합의 시작과 끝은 되돌아박기를 합니다.

겉 턱받이(겉)
⑤곡선에 가위집
③봉합
안 턱받이(안)
④봉합

겉 턱받이(겉)
장식 테이프
②가름솔을 한다
배색천(안)
③봉합
①봉합

겉 턱받이(겉)
배색천B(안면 · 凸)
벨크로
0.5
봉봉 블레이드 다는 끝점
테이프폭=0.7
장식 테이프
0.1
벨크로 凹
겉 턱받이(겉감 · 1장)
안 턱받이(배색천B · 1장)
배색천(배색천A · 1장)
배색천A / 배색천B

안 턱받이(겉)
⑦대고 봉합
⑧벨크로를 고정봉합
겉 턱받이(겉)
배색천(겉)
⑥겉으로 뒤집는다
창구멍을 5~6cm 남기고 봉합한다
봉봉 블레이드를 안 턱받이부터

Sewing Story Handmade Book Series

여자아이의 옷 여자아이와 엄마의 내추럴한 옷 여자아이의 외출복 멋쟁이 여자아이의 옷

예쁘게 꾸며주고 싶은 내 아이를 위한
여자아이 옷 시리즈

딸을 예쁘게 꾸며주고 싶은 엄마의 마음을 담은, 일본에서 가장 인기 있는 「여자아이 옷」 서적 시리즈를 완벽하게 번역한
한글판을 만나보세요! 소중한 내 아이에게 손수 만든 예쁜 옷을 선물해 주세요.

2010 봄 · 여름호 2010 가을 · 겨울호 2011 봄 · 여름호

국내 최초의 소잉 전문 정기간행물
Sewing harue 소잉 하루에

각 시즌별 트렌드를 놓치지 않고 최신의 스타일로 가득 채운 소잉잡지.
「소잉 하루에」는 Mook지의 장점인 트렌디함을 기반으로 시즌에 맞는 원단과 부자재를 사용하여
실생활에 필요한 의상, 소품 등 다양한 디자인을 선보이고 있습니다. (매 년 3월/9월 총 2회 발행)

2010-2011 겨울호 2011 봄호 2011 여름호 2011 가을호

대표 여성복 핸드메이드 잡지
FEMALE 피메일

「FEMALE」은 일본을 넘어 한국의 핸드메이드 매니아들에게 큰 인기를 끌고 있는 여성복 D.I.Y 정기간행물입니다.
매 호 색다른 컨셉과 아이템을 담아 초보자부터 고급 핸드메이드 독자들까지 볼 수 있는 서적으로
그동안 느낀 일본서적의 언어적 어려움을 해소하고자 한국어판으로 출간되었습니다. (매 년 2월/5월/8월/11월 총 4회 발행)

내 손으로 만드는 우리 아이 한복
우리아이의 한복

소잉 초보자라면 꼭 읽어야 할 필독서!
처음하는 머신소잉

「우리아이의 한복」은 현대적인 감각의 D.I.Y 한복 실용서로서
선뜻 만들어 보지 못하는 전통한복을 초보자들도 손쉽게 만들 수 있도록
친절하게 설명서가 들어있는 서적입니다.

머신을 다루기 위해 알아야 할 기초적인 방법에서부터 이를 응용한 16가지 소품까지,
소잉을 처음하는 사람들이라면 꼭 읽어야 할 소잉 기초서 입니다.

* 각 서적에는 All Color 사진설명서와 일러스트 설명서가 들어있어 초보자들도 쉽게 따라 만들 수 있습니다. 서적안에는 각 사이즈별로 그레이딩된 패턴이 들어 있습니다.
위 서적들은 패션스타트(www.fashionstart.net)와 심플소잉(www.simplesewing.co.kr) 및 온/오프라인 서점에서 구입하실 수 있습니다.

소잉스토리는 소잉D.I.Y 취미실용서와 잡지를 출간합니다.
www.sewingstory.com

〈FEMALE Vol.4〉
2011 가을호
절찬리 판매중!!

내 손으로 직접 만들어 입히는
아이옷 만들기 : 쿠 치 토

〈CUCITO Vol.2〉
2010-2011 겨울·초봄호
임시특가 13,500원

〈CUCITO Vol.3〉
2011 봄호
정가 12,000원

〈CUCITO Vol.4〉
2011 여름호
정가 12,000원

아이옷 만들기 : 쿠 치 토

CUCITO Vol.5
2011 가을호

발행인 신현호
편집장 정용효
에디터 임태훈 이재숙 정미정 정서윤
편집 총괄 김미향
편집 남궁진 추수연 최안나
번역 leestran (강명희)
인쇄 호성인쇄
발행일 2011년 9월 16일
발행처 (주)코하스 소잉 연구소 소잉스토리 사업팀
　　　 500-830 광주광역시 북구 무등로 120 해은회관 7층
대표전화 070_4014_3299
팩스 062_515_8958
홈페이지 www.sewingstory.com

ISBN 978-89-94710-17-4

다음호 아이옷 만들기: CUCITO 겨울·초봄호는 2011년 12월에 발간될 예정입니다.

〈다음호 예고〉

입원·입학준비 특집

겨울의 베이비웨어

겨울에 입는 평상복 등....

※ 다음호 예고는 일부 변경되는 경우도 있습니다.